普通高等教育“十三五”规划教材
河北大学精品教材建设项目

光谱学导论

孙江　郭庆林　王颖　编

化学工业出版社
·北京·

内容提要

《光谱学导论》以原子的光谱学知识为核心，采用量子力学作为理论基础，重点讲述了原子谱线的精细结构、超精细结构和外场作用下的谱线分裂行为，内容涵盖了氢原子、碱金属原子、双价电子原子和多价电子原子的光谱。在此基础上，本书对分子光谱学的基本原理做了概述，介绍了最简单的分子——双原子分子的振动、转动和电子光谱的量子理论，为读者进一步深化学习分子光谱理论打下了基础。最后，为了便于读者对现代光谱测量方法有一定的认识，本书介绍了几种激光光谱技术。

《光谱学导论》可作为高等学校光电信息科学与技术专业本科生教材使用，同时也可供对光谱学感兴趣的社会各界人士阅读参考。

图书在版编目（CIP）数据

光谱学导论/孙江，郭庆林，王颖编. —北京：化学工业出版社，2019.12

普通高等教育“十三五”规划教材

ISBN 978-7-122-36014-4

Ⅰ.①光… Ⅱ.①孙…②郭…③王… Ⅲ.①光谱学-高等学校-教材 Ⅳ.①O433

中国版本图书馆CIP数据核字（2019）第283292号

责任编辑：满悦芝　　文字编辑：林　丹　段曰超

责任校对：杜杏然　　装帧设计：张　辉

出版发行：化学工业出版社（北京市东城区青年湖南街13号　邮政编码100011）

印　　刷：北京京华铭诚工贸有限公司

装　　订：三河市振勇印装有限公司

787mm×1092mm　1/16　印张9¼　字数220千字　　2020年8月北京第1版第1次印刷

购书咨询：010-64518888　　售后服务：010-64518899

网　　址：http://www.cip.com.cn

凡购买本书，如有缺损质量问题，本社销售中心负责调换。

定　　价：38.00元

前言

光谱学是近代物理学中的一大分支，主要研究光谱的产生、特性和规律，是一门主要涉及物理学及化学的重要交叉学科，广泛应用于科学研究和生产技术中，目前已渗透到光物理、光化学、光生物等各领域。

河北大学物理科学与技术学院在20世纪70年代就开设了“光谱学”课程，依次作为光学、应用物理、光信息、光电信息、新能源专业的专业必修课程一直开设至今。90年代初，郭庆林教授在参考国内外光谱学相关资料的基础上，编写了光谱学讲义用于教学。近30年来，随着时代的发展和教学的改革，该讲义不断改进、完善地应用于本科教学，获得社会和广大学生的一致认可。

本书在自编讲义的基础上进行归纳完善而来。为适应本科生的知识结构，本书从量子力学的基本概念和理论框架出发，减少理论推导，重点分析物理图像。读者只需具有大学普通物理、高等数学和光学的基础知识，就可以阅读此书。教材在吸收了光谱学的前沿技术的同时，仍然把光谱学中最基本的概念和最重要的理论方法作为重点，以便读者在较长时期都能运用这些知识和概念，适应技术的新变化。教材从实际情况出发，紧密结合光电信息科学与技术专业的培养目标。学习本教材，可使学生系统掌握原子光谱、双原子分子光谱的基本理论知识，使学生有能力阅读光谱的相关文献，为今后从事相关学科学习与研究奠定基础。

由于编者水平和时间所限，书中疏漏之处在所难免，恳请广大读者批评指正。

孙 江　郭庆林　王 颖

河北大学物理科学与技术学院

2019年12月

前言

目录

第四章　多价电子的原子及其光谱

第五章　原子光谱的超精细结构

第六章　外场中的原子光谱

第七章　辐射跃迁的谱线强度和线宽

第八章 分子光谱的理论基础

第九章 双原子分子的转动及其光谱

第十章 双原子分子的振动及其光谱

第十一章 双原子分子的电子态与电子光谱

第十二章 双原子分子的拉曼光谱

第十三章 高分辨激光光谱技术

附 录

参考文献

绪　论

众所周知，物质与光的相互作用是自然科学的一个重要部分，物质在各种条件下吸收或发射光的波长、强度和偏振等情况和该物质的物质结构存在着必然的关系。这种关系可通过光谱学来揭示。事实上，人们对微观世界的了解在很大程度上依赖于光谱学。在现代材料物理中，光谱信息获取相当重要。近代光谱学的发展大大扩充了光谱学的应用范围。

一、光谱学发展简史

光谱学的发展历程特别长，它开端于1666年牛顿（Newton）用三棱镜对太阳光的分解。他观察到通过小孔的太阳光透过三棱镜，在墙壁上出现了一条彩带。牛顿把这条彩带称为太阳的光谱，并通过单色光实验证明了三棱镜的作用仅仅是使太阳光中本来存在的各种颜色的光经折射后分开，而不是三棱镜产生了颜色。这就是最初的光谱知识。牛顿的丰功伟绩在于他获得了电磁辐射强度或频率分布的一个表象的原始方法。后来，人们把这种分布及其任何表象都称为光谱。1672年，牛顿在《哲学学报》的《光和颜色的新理论》一文中首次提出了光谱（spectrum）一词。

光谱现象引起了人们的浓厚兴趣，光谱的研究不断深入。1802年，英国的渥拉斯顿利用狭缝代替牛顿的小孔对太阳光进行了观测。1814年，夫琅和费（Fraunhofer）用光栅作分光元件细致地重复了渥拉斯顿的实验，得出太阳光谱不是从一种颜色顺序变到另一种颜色，而是存在着一些黑线（当时称为夫琅和费暗线）。为证实暗线的来由，一些光谱先驱者利用实验观察了酒精灯加盐后的发射光谱，并与太阳光谱比较，发现火焰发射光谱中的亮黄线（即人们常说的Na光谱D线）与太阳光谱中暗线之一完全一致。45年后（1859年），德国物理学家基尔霍夫和化学家本生指出夫琅和费暗线同某种元素的原子发射光谱具有相同的波长，而太阳光谱中的暗线是太阳外表温度较低大气层的吸收谱。把太阳光谱中暗线和各种元素的发射光谱相对照，可以确定太阳大气中存在着钠、镁、铁、锌、钡、镍等元素。从此，诞生了应用光谱技术，即物质化学成分的光谱分析技术。

科学家并不满足于一种技术的应用，而是去寻找相应的科学规律。其中，氢原子发射光谱的实验及理论研究在光谱学史和近现代光谱史中占有特别重要的地位。最初，对氢原子光谱规律的解释是毫无头绪的，唯一可采用的方法是声学类比。当时已经发现了十几条氢原子的谱线。按照频率增加的顺序，前三条谱线命名为H_α、H_β和H_γ。这三条谱线的波数比为

20∶27∶32，满足驻波比，而其他谱线都不能支持这种类比。直到1885年，瑞士数学家巴耳末（Balmer）给出氢原子的谱线公式：

$$\tilde{\nu}=R\left(\frac{1}{2^2}-\frac{1}{n^2}\right)$$

式中，$\tilde{\nu}$ 为谱线的波数；R 为里德堡常数；n 为大于2的自然数。我们将上式称为巴耳末经验公式。

这里需要注意的是波数的量纲是［长度］$^{-1}$。采用国际单位制，波数的单位是 m^{-1}。一般来说，科学家比较喜好采用厘米-克-秒制（高斯单位制，CGS）来表达波数。采用高斯单位制时，波数的单位是 cm^{-1}。光谱线的差距可以被解释为能级的间距，能级与频率成正比，与波数也成正比。光谱数据通常是用波数记录，这时能级、谱线与光速和普朗克常数无关。

1908年，光谱学家里兹指出巴耳末公式是普遍公式的一个特例，他用实验方法验证后指出：在任何原子的光谱中，谱线的频率都可由两项之差表示，这两项具有相同的量纲，称为光谱项，用

$$T=\frac{R}{n^2}$$

描述。后人把这个原理称为里兹合并原理，即 $\tilde{\nu}=T(n_2)-T(n_1)$，有时也称为里德堡-里兹合并原理。

从1885年到1953年，人们对氢原子光谱规律的研究得到了一系列光谱规律，将谱线划分为谱线系，通过下面的广义巴耳末公式，可归纳为：

$$\tilde{\nu}_n=R_H\left(\frac{1}{n_1^2}-\frac{1}{n_2^2}\right)=\begin{cases} n_1 & n_2 & \text{谱线系} & \\ 1 & \geqslant 2 & \text{赖曼} & 1914\text{年} \\ 2 & \geqslant 3 & \text{巴耳末} & 1885\text{年} \\ 3 & \geqslant 4 & \text{帕邢} & 1908\text{年} \\ 4 & \geqslant 5 & \text{布喇开} & 1922\text{年} \\ 5 & \geqslant 6 & \text{普丰珠德} & 1924\text{年} \\ 6 & \geqslant 7 & \text{汉弗莱斯} & 1953\text{年} \end{cases}$$

上面的研究结果与实验获得的氢光谱规律符合得很好。里兹合并原理为后来量子力学的建立奠定了基础。

科学的发展与前进总是阶跃性的，量子论的问世为光谱理论的研究提供了方便。新的研究阶段起始于丹麦物理学家玻尔。1913年，玻尔用旧量子论解释氢原子光谱规律，第一次提出了原子光谱和物质结构的关系。虽然玻尔理论在许多方面被新的波动力学或量子力学所扩充和改变，但许多光谱现象可以用玻尔理论单独地进行讨论。玻尔在卢瑟福的“原子有核模型”基础上，放弃了将经典电动力学应用于原子中的观点，首次将普朗克的量子概念应用于原子体系，提出了氢原子模型假说。玻尔理论有两个要点：

（1）量子化假说。即原子只能存在于一些不连续的运动态，只有角动量 $p=n\hbar$ 的那些轨道才是稳定的，这些稳定轨道对应着原子一系列分立的能量状态。

（2）频率条件。即只有当原子从一个稳定状态 E_1 跃迁到另一个稳定状态 E_2 时才能发射或吸收单色光，其频率 ν_{12} 满足公式 $h\nu_{12}=E_1-E_2$。

1914年，索末菲对玻尔理论圆轨道提出修正——椭圆轨道修正。当时遇到的困难是无

法解释碱金属的双线结构。直到1925年，荷兰的乌伦贝克和古兹米特在许多实验基础上提出了电子具有自旋运动，并解释双线结构是由电子自旋引起的。同年，泡利用玻尔理论解释元素周期表，发表了不相容原理。到此，对氢原子光谱的规律有了好的解释。当然还存在着偏差，这些偏差需要求助于量子理论来进行相应的解释。

二、光谱学目前状况

目前，关于原子光谱的理论已成熟。组成原子的电子和原子核间通过电磁力相互作用，电磁力是人类对自然界了解最清楚的力，所以对光谱的理论处理没有太大的问题。问题主要来自数学，数学可以处理单电子体系理论的相关计算，量子力学可以给出与实验符合很好的结果。但是多电子体系的计算则在数学上遇到了很大困难，需要依靠光谱测量实验数据来解决。

近年来，激光技术、光电技术及计算机技术的发展，推动了原子光谱实验手段和应用的发展，进一步推动了光谱学的发展。传统光谱学无法检测的一些精细结构、超精细结构，可采用激光光谱技术来检测。近代光谱技术的发展极大地扩展了光谱学的研究领域，例如原子内部的能量转移，原子中能级的分裂、寿命，多极矩，斯塔克效应，耦合系数及光谱产生的瞬态效应等。尤为重要的是分子光谱学得到了惊人的发展，成为人类认识分子的重要手段。在认识分子的历史中，人们由最早的研究分子组成到认识同分异构，促进了有机化学的大发展。

分子光谱学的理论是完全建立在量子力学之上的，量子力学使分子光谱和分子的内部运动联系起来。分子运动远比原子运动复杂，量子力学仅能对多质点体系给出近似解。对分子光谱学中的实验结果必须采用量子力学才能进行正确的分析。分子态的数目极多，由于只有满足选择定则的态间跃迁才可观察到光谱，大量的分子态难以观测，因而研究起来很困难。本书仅对分子光谱学中最基础的双原子分子光谱理论进行概述。

三、光谱的应用范围

目前光谱主要应用于结构参数的测定、物理条件的诊断、物质中元素成分的定性及定量分析等。原子光谱在分子光谱、天文物理、等离子体物理、光电子学、环境化学、生物、医学、地质、冶金、考古、刑事学等新型材料物理及技术方面具有广泛的应用。

四、光谱学中基本术语

在讨论光谱术语之前，首先了解一下电磁波的波长标尺。它粗略给出电磁波各波段的范围。光谱学主要研究光学光谱，即由真空紫外至远红外的原子光谱和分子光谱，当然分子光谱也涉及微波波段。电磁波的波长标尺见图0-1。

1. 什么是光谱

光谱指复色光经分光系统分光后，按波长（或频率）大小依次排列的图案。

2. 光学光谱分类

（1）按波长　分为紫外光谱（波长小于380nm）、可见光谱（波长380～780nm）、红外光谱（波长大于780nm）。

（2）按物质成分　分为原子光谱、分子光谱。

（3）按光谱产生方式　分为发射光谱、吸收光谱、散射光谱。

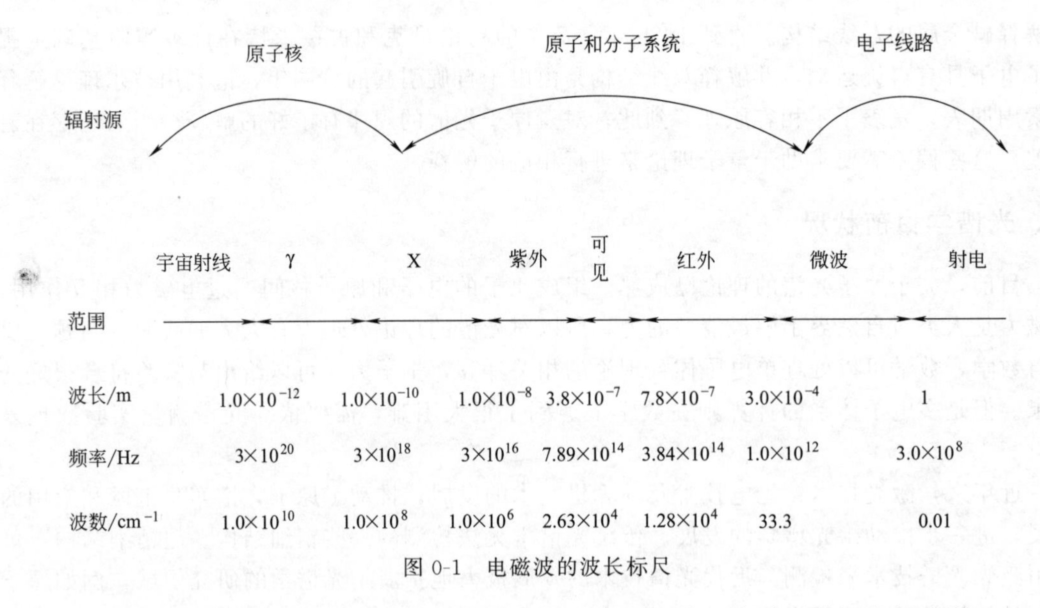

图 0-1　电磁波的波长标尺

（4）按研究对象　分为原子光谱、分子光谱、激光光谱、拉曼光谱、分析光谱。

（5）按光谱线形　分为线光谱、带光谱、连续光谱。

3. 什么是光谱学

光谱学是近代物理学中的一大分支，是研究光谱的产生、性质及规律，并应用于科学研究和生产技术中的一门学科，通过对各种物质的光谱规律进行分析，可以认识物质内部结构和运动性质。

习　题

0-1　如果某原子的上下能级能量分别为 E_1 和 E_2，那么上、下能级对应的光谱项值分别为______和______。这两个能级辐射跃迁产生的谱线波数为__________。

0-2　简述光谱史的几个发展阶段。

第一章　氢原子和类氢离子光谱

物质是由原子和分子组成的，原子中结构最简单的是氢原子。目前对氢原子的研究最充分，认识最深刻。对氢原子的研究所获得的知识、方法将为复杂原子结构及分子结构研究提供重要的线索和依据。本章从量子力学角度叙述氢原子和类氢离子光谱。

第一节　氢原子和类氢离子线系

一、体系能量

氢原子和类氢离子均属于单价电子体系，即由原子核和一个电子组成。用量子力学分析该问题，实际上就是求一个带电粒子在有心力场（库仑场）中运动的薛定谔方程。该体系下原子系统的哈密顿量为

$$\hat{H}=-\frac{\hbar^2}{2\mu}\nabla^2-\frac{1}{4\pi\varepsilon_0}\times\frac{Ze^2}{r} \tag{1-1}$$

$$\mu=\frac{Mm_e}{M+m_e}$$

式中，$\hbar$ 为约化普朗克常数；μ 为折合质量；M，m_e 为原子核和电子的质量；ε_0 为真空中的介电常数；e 为电子电量；r 为电子的径向坐标；Z 为核电荷数，$Z=1$ 时为氢原子，$Z>1$ 时为类氢离子，例如对于 He^+，$Z=2$。

在球坐标系下，薛定谔方程 $\hat{H}\Psi=E\Psi$ 可写为

$$-\frac{\hbar^2}{2\mu}\left[\frac{1}{r^2}\times\frac{\partial}{\partial r}\left(r^2\frac{\partial}{\partial r}\right)+\frac{1}{r^2\sin\theta}\times\frac{\partial}{\partial\theta}\left(\sin\theta\frac{\partial}{\partial\theta}\right)+\frac{1}{r^2\sin^2\theta}\times\frac{\partial^2}{\partial\phi^2}\right]\Psi=[E-U(r)]\Psi \tag{1-2}$$

$$U(r)=-\frac{1}{4\pi\varepsilon_0}\times\frac{Ze^2}{r}$$

令 $\Psi=R(r)Y(\theta,\phi)$时，分离变量得

$$\begin{cases}\dfrac{1}{r^2}\times\dfrac{d}{dr}\left(r^2\dfrac{dR}{dr}\right)+\left\{\dfrac{2\mu}{\hbar^2}[E-U(r)]-\dfrac{l(l+1)}{r^2}\right\}R=0\\ \left[\dfrac{1}{\sin\theta}\times\dfrac{\partial}{\partial\theta}\left(\sin\theta\dfrac{\partial}{\partial\theta}\right)+\dfrac{1}{\sin^2\theta}\times\dfrac{\partial^2}{\partial\phi^2}\right]Y(\theta,\phi)+l(l+1)Y(\theta,\phi)=0\end{cases} \tag{1-3}$$

求解式(1-3)，得到

$$R_{nl}=N_l e^{\frac{-Zr}{na_0}}\left(\frac{2Zr}{na_0}\right)^l L_{n+1}^{2l+1}\left(\frac{2Zr}{na_0}\right)$$

$$Y_{lm}=N_{lm}e^{im\phi}P_l^{|m|}(\cos\theta)$$

$$E_n=-\frac{1}{(4\pi\varepsilon_0)^2}\times\frac{Z^2\mu e^4}{2n^2\hbar^2}\quad(n=1,2,3,\cdots)\tag{1-4}$$

其中 $$N_l=-\left\{\left(\frac{2Z}{na_0}\right)^3\frac{(n-l-1)!}{2n[(n+l)!]^3}\right\}^{\frac{1}{2}}$$

$$N_{lm}=(-1)^m\left[\frac{(l-|m|)!\ (2l+1)}{(l+|m|)!\ 4\pi}\right]^{\frac{1}{2}}$$

$$a_0=\frac{4\pi\varepsilon_0\hbar^2}{\mu e^2}\approx5.3\times10^{-11}\,\text{m}$$

式中，L_{n+1}^{2l+1} 为拉盖尔多项式；$P_l^{|m|}$ 为连带勒让德多项式；n 为主量子数；l 为轨道量子数；m 为轨道角动量的磁量子数；a_0 为玻尔半径。

波函数 R_{nl}、Y_{lm} 满足正交归一，即

$$\begin{aligned}\int R_{nl}R_{n'l'}^{*}r^2\,\mathrm{d}r=\delta_{nn'}\delta_{ll'}\\ \int Y_{lm}Y_{l'm'}^{*}\,\mathrm{d}\tau=\delta_{ll'}\delta_{mm'}\end{aligned}\tag{1-5}$$

从上面求解可看出能量 E 只与主量子数 n 有关，而 n 的取值为 $n=1,2,3,\cdots$。对于 l、m 应遵循下列关系：对于给定的 n，有 $l=0,1,2,3,\cdots,n-1$；对于给定的 l，有 $m=-l,-l+1,\cdots,0,\cdots,l$。由量子力学可知，量子数 n、l、m 用于描述电子波函数的状态——量子运动状态，根据早期光谱学家引入的符号规定：

$$l=0,1,2,3,4,5,6,7,8,9,10,11,12,13,14$$

用符号 s，p，d，f，g，h，i，k，l，m，n，o，q，r，t 表示。

通常把 nl 称为电子态，即 ns,np,nd,nf,…,nt。而原子态用大写字母 S，P，D，F 表示。从 E_n 可看出，n 决定能量；n、l、m 决定运动状态数目。对一个确定的主量子数 n，原子有 n^2 个运动状态。因此在库仑场下，能量 E_n 是 n^2 度简并的。

二、辐射跃迁

当电子运动状态从某一状态到另一状态发生跃迁时，其辐射频率满足

$$\tilde{\nu}_{nm}=\frac{E_n-E_m}{hc}\tag{1-6}$$

式中，n 为高能态的主量子数；m 为低能态的主量子数。

对于氢原子或类氢离子，其辐射跃迁的频率为

$$\tilde{\nu}_{nm}=\frac{E_n-E_m}{hc}=\frac{1}{(4\pi\varepsilon_0)^2}\times\frac{Z^2\mu e^4}{4\pi\hbar^3c}\left(\frac{1}{m^2}-\frac{1}{n^2}\right)$$

对应的氢原子里德堡常数为

$$R_{\mathrm{H}}=\frac{1}{(4\pi\varepsilon_0)^2}\times\frac{\mu e^4}{4\pi\hbar^3 c}$$

设核质量无穷大时的里德堡常数为 R_∞，则

$$R_\infty=\frac{1}{(4\pi\varepsilon_0)^2}\times\frac{m_e e^4}{4\pi\hbar^3 c}$$

这样，氢原子里德堡常数可表示为

$$R_{\mathrm{H}}=R_\infty\frac{1}{1+\frac{m_e}{M}}$$

式中，m_e 为电子质量；M 为原子核的质量。氢原子里德堡常数的具体数值为 $R_{\mathrm{H}}=10967758.2\mathrm{m}^{-1}$。

在单电子体系中，里德堡常数可表达为 $R_{\mathrm{A}}=R_\infty\frac{Z^2}{1+\frac{m_e}{M}}$，其跃迁谱线为

$$\tilde{\nu}_{nm}=R_{\mathrm{A}}\left(\frac{1}{m^2}-\frac{1}{n^2}\right) \tag{1-7}$$

在辐射跃迁中不是任意状态间都可以产生辐射，必须满足一定的跃迁规则。其中最主要的判定是偶极跃迁选择定则，即只有在初始和终止两个状态间的电偶极矩矩阵元非零条件下，两态间才能发生辐射跃迁。相应的偶极跃迁选择定则可以表达为

$$\langle nlm|-e\boldsymbol{r}|n'l'm'\rangle\neq 0$$

式中，$|nlm\rangle$ 和 $|n'l'm'\rangle$ 为初、终两态的波函数；$-e\boldsymbol{r}$ 为电子的电偶极矩，可用 $\boldsymbol{P}$ 来表示，即 $\boldsymbol{P}=-e\boldsymbol{r}$。

将单电子体系的波函数代入，得到非零解的条件是量子数间需要满足 $\Delta l=l'-l=\pm1$，$\Delta m=m'-m=0$，±1，$\Delta n=1,2,3,\cdots$。

三、谱线系与能级图

下面以氢原子光谱为例来讨论光谱跃迁的规律。低温下，气体的所有原子将会处于最低的能量状态，我们将该能量状态称为基态。基态原子发生辐射跃迁，需要满足选择定则。为了方便描述这一过程，格罗川根据里德堡-里兹合并原理 $\tilde{\nu}=T(n_1)-T(n_2)$，在 1928 年提出了能级图概念：取纵坐标为能量尺度（能量单位为 eV），把实际存在的能级或光谱项 $T=R/n^2$ 用水平线画出。在能级图中常用光谱项的谱项值代替能量，其单位为 cm^{-1}。用两能级间垂线来表示两个相应能级跃迁产生的谱线，线的长度表示谱线的波数。用垂线中的箭头表示跃迁的方向，n_1 为共同下能级的主量子数。具有共同下能级的一系列谱线组成谱线系，原子同一谱线系的谱线趋于同一个极限 $\tilde{\nu}_\infty=R/n_1^2$。目前普遍使用国际单位制，这时纵坐标的能量单位变为焦耳，两者的换算关系为 $1\mathrm{eV}=1.6\times10^{-19}\mathrm{J}$，光谱项的单位变为 m^{-1}。

图 1-1 为氢原子谱线的能级图。图中最下方的坐标轴为波数坐标，上方的短竖线和能级图上的谱线对应，表示相应谱线的波数。

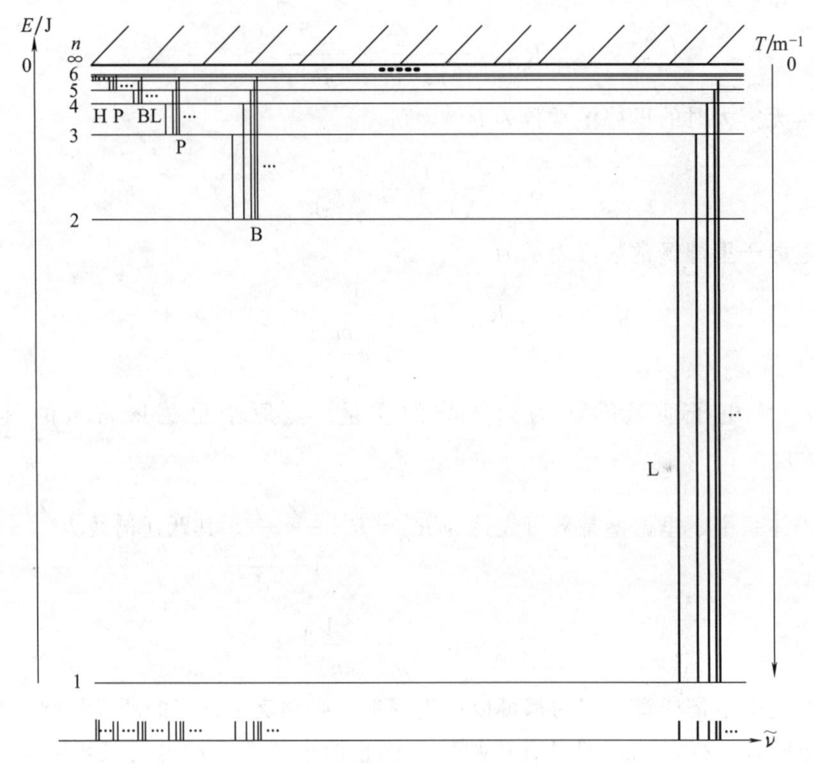

图 1-1 氢原子谱线能级图

第二节 光谱线的精细结构

第一节中只讨论了氢原子和类氢离子在库仑场下的能量和光谱，并没有涉及电子质量对速度的依赖关系及电子的自旋。如果把这两种因素考虑进去，原子的能级 E_n 将发生变化，谱线结构也变得复杂化和精细化，形成谱线的精细结构。例如 H_α、H_β 等谱线用高分辨率仪器测量，可以发现每一条谱线都是由多条谱线组成的精细结构。

一、相对论效应的影响

按照狭义相对论，体系中原子能量为

$$E=U(r)+T=m_e c^2\left(\frac{1}{\sqrt{1-\frac{v^2}{c^2}}}-1\right)+U(r)$$

其中动能 T 的表达式为

$$T=m_e c^2\left(\frac{1}{\sqrt{1-\frac{v^2}{c^2}}}-1\right)=m_e c^2\left[\frac{1}{2}\times\frac{v^2}{c^2}+\frac{3}{8}\left(\frac{v^2}{c^2}\right)^2+\cdots\right] \tag{1-8}$$

式中，m_e 为电子静止质量。相对论下的动量为

$$p=mv=\frac{m_e v}{\sqrt{1-\frac{v_2}{c^2}}}=m_e v\left(1+\frac{1}{2}\times\frac{v^2}{c^2}\right)$$

上式利用了 $$m=m_e\frac{1}{\sqrt{1-\frac{v^2}{c^2}}}$$

并且在级数展开中忽略了 v^4/c^4 以后项，相应的

$$p^2=m_e^2v^2\left(1+\frac{v^2}{c^2}+\frac{v^4}{4c^4}\right)=m_e^2v^2\left(1+\frac{v^2}{c^2}\right)$$

因此 $$T=\frac{m_ev^2}{2}+\frac{m_e^2v^4}{2m_ec^2}-\frac{m_e^2v^4}{2m_ec^2}+\frac{3m_ev^4}{8c^2}$$

$$=\frac{p^2}{2m_e}-\frac{p^4}{8m_e^3c^2} \tag{1-9}$$

在第一节采用的带电粒子在有心力场下的运动模型下，用约化质量代替电子的质量，有

$$T=\frac{p^2}{2\mu}-\frac{p^4}{8\mu^3c^2} \tag{1-10}$$

最终，在相对论下体系的哈密顿量可表示为

$$\hat{H}=\frac{\hat{p}^2}{2\mu}-\frac{\hat{p}^4}{8\mu^3c^2}+U(r) \tag{1-11}$$

$$U(r)=-\frac{1}{4\pi\varepsilon_0}\times\frac{Ze^2}{r}$$

设非相对论下体系哈密顿量为 $\hat{H}_0$，对应本征值为 E_0，由薛定谔方程 $\hat{H}_0\psi=E_n\psi$，可得

$$\hat{H}_0=\frac{\hat{p}^2}{2\mu}+U(r)$$

可得到 $$\hat{p}^2=2\mu[\hat{H}_0-U(r)]$$

这样式(1-11) 可化为 $$\hat{H}=\hat{H}_0+\hat{H}'$$

$$\hat{H}'=-\frac{1}{2\mu c^2}[\hat{H}_0^2-2\hat{H}_0U(r)+U^2(r)] \tag{1-12}$$

利用量子力学的微扰论，$\psi=R_{nl}Y_{nl}$ 为近似波函数，近似能量为

$$\Delta E_{nl}=\langle n|\hat{H}'|n\rangle$$

则 $$\Delta E_{nl}=-\frac{1}{2\mu c^2}\left[E_n^2+2E_n\frac{Ze^2}{4\pi\varepsilon_0 r}\left\langle\frac{1}{r}\right\rangle+\frac{Z^2e^4}{(4\pi\varepsilon_0)^2}\left\langle\frac{1}{r^2}\right\rangle\right] \tag{1-13}$$

$\left\langle\frac{1}{r}\right\rangle$、$\left\langle\frac{1}{r^2}\right\rangle$、$\left\langle\frac{1}{r^3}\right\rangle$为氢原子波函数下 r^k $(k=1,2,3,\cdots)$ 的平均值，其值为

$$\left\langle\frac{1}{r}\right\rangle=\int R_{nl}\frac{1}{r}R_{nl}r^2\mathrm{d}r=\frac{Z}{n^2a_0}$$

$$\left\langle\frac{1}{r^2}\right\rangle=\frac{Z^2}{a_0^2n^3\hbar^2\left(l+\frac{1}{2}\right)}$$

$$\left\langle\frac{1}{r^3}\right\rangle=\frac{Z^3}{n^3a_0^3l(l+1)\left(l+\frac{1}{2}\right)}$$

代入式(1-13)，整理得

$$\Delta E_{nl}=-\frac{Rhc\alpha^2 Z^4}{n^3}\left(\frac{1}{l+\frac{1}{2}}-\frac{3}{4n}\right) \tag{1-14}$$

$$\alpha=\frac{e^2}{2\varepsilon_0 hc}\approx\frac{1}{137}$$

式中，α 为精细结构常数。由此得到在相对论下体系的能量为 $E_{nl}=E_n+\Delta E_{nl}$。式(1-14)表明，精细结构下体系的能量与 l 有关，即同一主量子数 n 下的不同轨道角动量 l 对应的能量发生了变化；精细结构下体系的能量与 Z^4 成正比，即类氢离子改变较为显著。

二、电子自旋效应的影响

电子自旋效应是由电子的自旋和轨道间的相互作用引起的，即电子自旋的磁矩与电子轨道运动产生的磁场间存在相互作用。设相互作用能用 W 表示，则

$$W=-\boldsymbol{\mu}_s\cdot\boldsymbol{B} \tag{1-15}$$

式中，$\boldsymbol{\mu}_s$ 为电子自旋磁矩。其表达式为

$$\boldsymbol{\mu}_s=-\frac{2\mu_B}{\hbar}\boldsymbol{s}$$

$$\mu_B=\frac{e\hbar}{2m_e}=9.27\times10^{-24}\,\mathrm{J/T}$$

式中，$\boldsymbol{s}$ 为电子自旋角动量；μ_B 为玻尔磁子；$\boldsymbol{B}$ 为电子所处的磁感应强度，其表达式为

$$\boldsymbol{B}=\boldsymbol{B}_0-\frac{1}{4\pi\varepsilon_0}\times\frac{Ze\boldsymbol{v}\times\boldsymbol{r}}{c^2r^3}$$

式中，$\boldsymbol{B}_0$ 为外界磁场；$\boldsymbol{v}$ 为电子运动速度。

用 $\boldsymbol{l}$ 表示轨道角动量，则

$$\boldsymbol{l}=\boldsymbol{r}\times\boldsymbol{p}$$

式中，$\boldsymbol{p}$ 为电子的动量，表达式为

$$\boldsymbol{p}=m_e\boldsymbol{v}$$

最终，电子的自旋和轨道相互作用能可表达为

$$W=\frac{1}{4\pi\varepsilon_0}\times\frac{Ze^2}{m_e^2c^2r^3}\boldsymbol{l}\cdot\boldsymbol{s} \tag{1-16}$$

在非相对论下，考虑电子自旋体系的哈密顿量为 $\hat{H}=\hat{H}_0+\hat{H}'$，其中 $\hat{H}'=W$。

在矢量空间中，电子的自旋角动量 $\boldsymbol{s}$ 和轨道角动量 $\boldsymbol{l}$ 耦合成了电子的总角动量 $\boldsymbol{j}$（即 $\boldsymbol{j}=\boldsymbol{l}+\boldsymbol{s}$），对应的总角动量量子数为 $j=l+s,l+s-1,\cdots,|l-s|$。因此，$\boldsymbol{l}\cdot\boldsymbol{s}=\frac{1}{2}(\boldsymbol{j}^2-\boldsymbol{l}^2-\boldsymbol{s}^2)$。根据量子力学微扰论，电子的自旋和轨道相互作用在一级近似下得到的修正能量 $\Delta E_{l\cdot s}$ 为

$$\Delta E_{l\cdot s}=\langle n|\hat{H}'|n\rangle=\left\langle n\left|\frac{1}{4\pi\varepsilon_0}\times\frac{Ze^2}{2m^2c^2r^3}(\boldsymbol{j}^2-\boldsymbol{l}^2-\boldsymbol{s}^2)\right|n\right\rangle$$

$$=\frac{1}{4\pi\varepsilon_0}\times\frac{Ze^2\hbar^2}{2m^2c^2\langle r^3\rangle}[j(j+1)-l(l+1)-s(s+1)]$$

式中，j 为电子的总角动量量子数。将$\left\langle \frac{1}{r^3} \right\rangle$代入，得

$$\Delta E_{l \cdot s} = \frac{R\alpha^2 Z^4 hc}{n^3} \left[\frac{j(j+1) - l(l+1) - s(s+1)}{2l(l+1)\left(l+\frac{1}{2}\right)} \right] \tag{1-17}$$

如果把相对论效应和电子自旋效应的影响同时考虑进去，则总的修正能量为

$$\Delta E_{nlj} = \Delta E_{nl} + \Delta E_{l \cdot s} = \frac{R\alpha^2 Z^4 hc}{n^3} \left(\frac{3}{4n} - \frac{1}{j+\frac{1}{2}} \right) \tag{1-18}$$

这里引入光谱项

$$T_n = -\frac{E_n}{hc}$$

则体系的光谱项为 $T_{nlj} = T_0 + \Delta T_{nlj}$，其中

$$\Delta T_{nlj} = -\frac{\Delta E_{nlj}}{hc}$$

式中，h 为普朗克常数；c 为真空中的光速；ΔT_{nlj} 为相对论效应和电子自旋效应所引起的附加光谱项。将式(1-18) 代入，得

$$\Delta T_{nlj} = \frac{R\alpha^2 Z^4}{n^3} \left(\frac{1}{j+\frac{1}{2}} - \frac{3}{4n} \right) \tag{1-19}$$

从式(1-19) 可看出，同一主量子数 n 值，不同轨道量子数 l 值的量子态，只要总角动量量子数 j 值相同，体系能量就是相同的，所以单电子体系的精细结构中能量 j 简并。

三、谱线的精细结构及兰姆位移

1887 年，迈克尔逊用干涉仪观察了氢原子的光谱，发现 H_α、H_β 谱线都分裂成了双线，并且双线间隔为 $\Delta\tilde{\nu}_{H_\alpha} = 32\text{m}^{-1}$、$\Delta\tilde{\nu}_{H_\beta} = 33\text{m}^{-1}$。1925 年，G. Hasen 用类似的方法得到 $\Delta\tilde{\nu}_{H_\alpha} = 31.6\text{m}^{-1}$、$\Delta\tilde{\nu}_{H_\beta} = 31.7\text{m}^{-1}$。后人称该双重结构为精细结构。下面以 H_α 谱线为例，讨论其精细结构。

1. H_α 谱线的能级跃迁图

由能级的精细结构公式 $T = T_0 + \Delta T$，可知体系能量与量子数 n、j 有关。描述氢原子能量状态的原子态符号用$^{2S+1}L_J$ 表示。其中，$2S+1$ 是重态数；S 是核外所有电子的总自旋量子数；L 是核外所有电子的总轨道量子数；J 是核外所有电子的总角动量量子数。

首先，确定跃迁能级的原子态$^{2S+1}L_J$。H_α 谱线是巴尔末线系的第一条，即 $n=3$ 到 $n=2$ 跃迁产生的谱线。电子的自旋量子数为 $s=1/2$，当 $n=3$ 时，对应的轨道量子数为 $l=0$、1、2，当 $l=0$ 时相应的总角动量量子数 $j=1/2$；当 $l=1$ 时 $j=1/2$、3/2；当 $l=2$ 时 $j=3/2$、5/2。对单电子体系，单个电子的角动量量子数就是核外所有电子的角动量量子数，所以原子态为 $3^2S_{1/2}$、$3^2P_{1/2,3/2}$、$3^2D_{3/2,5/2}$。当 $n=2$ 时，对应的轨道角动量量子数为 $l=0$、1，当 $l=0$ 时总角动量的量子数 $j=1/2$；当 $l=1$ 时 $j=1/2$、3/2，对应的原子态为 $2^2S_{1/2}$、$2^2P_{1/2,3/2}$。

其次，由式(1-18) 和式(1-19) 可以计算出各原子态的能量，通常用光谱项来表示，最终得到的能级图如图 1-2 所示，图中在 $n=2$ 和 $n=3$ 能级间的竖虚线表示这两个能级的间距较大，没有按照比例画出，下文中能级图中两能级间的竖虚线也表示相同含义。

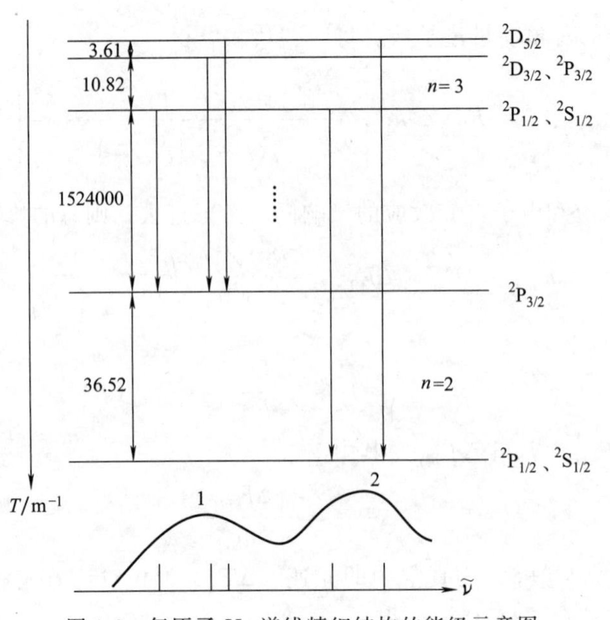

图 1-2 氢原子 H_α 谱线精细结构的能级示意图

然后，由选择定则得到跃迁对应的谱线。将考虑了电子自旋的氢原子波函数代入

$$\langle nlm|-e\boldsymbol{r}|n'l'm'\rangle \neq 0$$

可以获得精细结构跃迁的选择定则为：$\Delta l=\pm 1, \Delta J=0, \pm 1 (0 \leftrightarrow 0$ 除外)。根据选择定则的条件，可以绘出图 1-2 所示的各条跃迁谱线。可以看出，H_α 谱线的精细结构在原理上有 5 条谱线，而在实际测量中因仪器的原因（没有消除谱线的多普勒展宽）仅看到两条谱线。谱线 1 和谱线 2 的波数差为 32.9m^{-1}，理论与实验基本相符合。实际上，上述讨论利用量子力学理论还可以引入许多修正，具体来说，利用狄拉克相对论量子理论解释较为圆满。

2. 兰姆位移

1947 年，兰姆（W. Lamb）和李瑟福（R. G. Retherford）利用射频波谱学测量了 H_α 谱线，发现 $2^2S_{1/2}$ 比 $2^2P_{1/2}$ 高 3.4m^{-1}，后来称为兰姆位移，之后他们还测出 $3^2S_{1/2}$ 比 $3^2P_{1/2}$ 高 1m^{-1}，这一结果推动了量子电动力学的发展。为了解释兰姆位移，量子电动力学在量子力学基础上进行了以下的处理：首先，考虑电磁场与原子间相互作用，将电磁场也进行了量子化；其次，指出在真空中的电子和它自身发出的辐射（光子）之间存在作用，即辐射修正；然后，为解释辐射修正中的积分问题，重新做了一系列的定义，使质量重正化、电荷重正化，以避免计算中的积分发散问题。经过上述一系列的修正处理后，可以得到氢原子的 j 简并能级 E_{nlj_1} 和 E_{nlj_2} 能量有了微小改变，导致了简并解除。根据理论计算，$2^2S_{1/2}$ 和 $2^2P_{1/2}$ 的间隔为（1057.19±0.16）MHz，与兰姆位移（1057.77±0.10）MHz 相符合。根据上述理论，在兰姆位移下 H_α 谱线由 5 条分裂为 7 条。1972 年，汉斯用染料激光器测量了 H_α 谱线的激光饱和吸收光谱，首次分辨了 H_α 谱线的实际精细结构，测量得到的数据和采用量子电动力学计算的结果相一致。

从前面讨论可看出，氢原子虽然简单，但是对原子结构的研究起着非常重要的作用，至今人们对此研究兴趣未减。

习　题

1-1　画出 H_β 谱线精细结构的能级跃迁图，并简述能级图中的 J 简并现象。

1-2　画出量子电动力学下 H_α 谱线精细结构的能级跃迁图，并解释其谱线精细结构与量子力学理论下不同的原因。

1-3　画出氢原子赖曼线系第三条谱线精细结构的能级跃迁图。

第二章　碱金属原子及其光谱

碱金属元素包括锂（Li）、钠（Na）、钾（K）、铷（Rb）、铯（Sr）、钫（Fr），它们发出的光谱是除了氢原子光谱外最为简单的光谱。碱金属原子光谱与氢原子光谱十分相似，这一现象取决于碱金属原子本身的结构性质。在碱金属原子的电子排布中，因为最外层的单个电子受原子核的束缚力相对较弱，所以碱金属在化合物中常以单价正离子的形式出现。在元素周期表中，碱金属的前一个元素是惰性元素，碱金属电离第一个电子的电离能很小，而电离第二个电子的电离能要大很多，因此把第一个电子称为价电子。碱金属光谱是由价电子跃迁而产生的，因此把碱金属原子光谱归为单价电子体系原子光谱。

第一节　体系能量及谱线体系

按照原子壳层结构模型分析可知，碱金属原子的价电子距核的平均距离远大于其他电子距核的距离。除价电子外，其他电子与核形成一个较稳固的集团——原子实，这样碱金属原子模型可视为一个价电子绕原子实做轨道运动。价电子绕原子实运动情况如下：第一种情况，价电子远离原子实运动。假设原子中电子分布是球对称的，这样原子实的场是球对称场，与点电荷场十分相似。第二种情况，电子处于 n 和 l 都很小或 n 很大、l 很小的轨道上运动，当电子靠近原子核时，较扁的椭圆轨道可能穿过原子实形成“贯穿轨道”，此时电子所处的势场就会偏离球对称场。把上述两种情况对应的轨道分别称为“非贯穿轨道”和“贯穿轨道”，两种轨道的差别在于电子靠近原子实时的势能不同。按量子力学理论，体系的势能在一般情况下可以表述为

$$U(r)=-\frac{1}{4\pi\varepsilon_0}\times\frac{Ze^2}{r}+\frac{e^2}{\varepsilon_0 r}\int_0^{\infty}D(r')r'\mathrm{d}r' \tag{2-1}$$

式中，$D(r')$ 为电荷平均密度分布函数。

如果把贯穿轨道运动的结果视为价电子对原子实的极化，那么可以得到一个简化的模型来描述势能函数。即价电子受到一个点电荷 $+e$ 和一个电偶极子共同场的作用，其势能为

$$U(r)=-\frac{1}{4\pi\varepsilon_0}\times\frac{e^2}{r}+\frac{1}{4\pi\varepsilon_0}\times\frac{e^2C_1}{r^2} \tag{2-2}$$

式中，C_1 为与极化强度有关的参数。在此模型下，体系的哈密顿量可表示为

$$\hat{H}=-\frac{\hbar^2}{2\mu}\nabla^2+U(r)$$

在球坐标系下，其径向的微分方程为

$$\frac{1}{r^2}\times\frac{\mathrm{d}}{\mathrm{d}r}\left(r^2\frac{\mathrm{d}R}{\mathrm{d}r}\right)+\left\{\frac{2\mu}{\hbar^2}[E-U(r)]-\frac{l(l+1)}{r^2}\right\}R=0$$

将式(2-2) 代入，若令

$$\frac{1}{4\pi\varepsilon_0}\times\frac{2\mu e^2C_1}{\hbar^2r^2}-\frac{l(l+1)}{r^2}=-\frac{l'(l'+1)}{r^2}$$

即
$$\frac{1}{4\pi\varepsilon_0}\times\frac{2\mu e^2C_1}{\hbar^2}-l(l+1)=-l'(l'+1)$$

可以得到

$$\frac{1}{r^2}\times\frac{\mathrm{d}}{\mathrm{d}r}\left(r^2\frac{\mathrm{d}R}{\mathrm{d}r}\right)+\left[\frac{2\mu}{\hbar^2}\left(E+\frac{1}{4\pi\varepsilon_0}\times\frac{e^2}{r}\right)-\frac{l'(l'+1)}{r^2}\right]R=0 \tag{2-3}$$

式(2-3) 与式(1-3) 中氢原子径向方程一样，其本征值为

$$E_n=-\frac{1}{(4\pi\varepsilon_0)^2}\times\frac{\mu e^4}{2n^{*2}\hbar^2}=-\frac{Rhc}{n^{*2}} \tag{2-4}$$

式中，n^* 为有效量子数。

由附录式(A-29) 可知 $n=n_r+l+1$，则 $n^*=n_r+l'+1$。这样由式(2-3) 可得到

$$\Delta(l)=l-l'\approx\frac{1}{4\pi\varepsilon_0}\times\frac{\mu e^2C_1}{\hbar^2(2l+1)}$$

式中，$\Delta(l)$ 为量子亏损。因此，得到碱金属原子能量 E_n 的表达式为

$$E_n=-\frac{Rhc}{n^{*2}}=-\frac{Rhc}{[n-\Delta(l)]^2} \tag{2-5}$$

或者表达为
$$E_n=-\frac{RhcZ^{*2}}{n^2}$$

式中，Z^* 为有效电荷，可以表达为

$$Z^*=Z-\sigma$$

式中，σ 为电荷屏蔽常数，随轨道量子数的取值不同而变化。

我们对式(2-5) 做如下处理

$$\begin{aligned}E_n&=\frac{Rhc}{[n-\Delta(l)]^2}=-\frac{Rhc}{n^2-2\Delta(l)+\Delta^2(l)}\\&=-\frac{Rhc}{n^2}\times\frac{1}{1+\frac{\Delta^2(l)}{n^2}-\frac{2\Delta(l)}{n}}\\&=-\frac{Rhc}{n^2}\left[1+\frac{2\Delta(l)}{n}\right]\\&=-\frac{Rhc}{n^2}-\frac{2Rhc\Delta(l)}{n^3}\end{aligned}$$

由于 $n^2\gg\Delta^2(l)$，式中忽略了 $\Delta^2(l)/n^2$ 项。

从上式可看出，式中的第一项是库仑场下的能量，第二项是原子实极化引起的能量。与

氢原子能级相比，对同一主量子数 n，碱金属原子能级比氢原子低。其中 S 最低，依次是 P、D、F，这可由 $\Delta(l)$ 的表达式确定。

由此得到碱金属原子跃迁谱线公式为

$$\tilde{\nu}=\frac{R}{[n_1-\Delta(l)]^2}-\frac{R}{[n_2-\Delta(l)]^2} \tag{2-6}$$

根据量子数 n、l 的不同，将碱金属原子的谱线划分为四个谱线系。它们分别是：

主线系：价电子由 p 态向 s 态跃迁产生的谱线，对应的谱线表达式为

$$\tilde{\nu}_{主}=\frac{R}{[n_1-\Delta(\mathrm{s})]^2}-\frac{R}{[n_2-\Delta(\mathrm{p})]^2}$$

锐线系：价电子由 s 态向 p 态跃迁产生的谱线，对应的谱线表达式为

$$\tilde{\nu}_{锐}=\frac{R}{[n_1-\Delta(\mathrm{p})]^2}-\frac{R}{[n_2-\Delta(\mathrm{s})]^2}$$

漫线系：价电子由 d 态向 p 态跃迁产生的谱线，对应的谱线表达式为

$$\tilde{\nu}_{漫}=\frac{R}{[n_1-\Delta(\mathrm{p})]^2}-\frac{R}{[n_2-\Delta(\mathrm{d})]^2}$$

基线系：价电子由 f 态向 d 态跃迁产生的谱线，对应的谱线表达式为

$$\tilde{\nu}_{基}=\frac{R}{[n_1-\Delta(\mathrm{d})]^2}-\frac{R}{[n_2-\Delta(\mathrm{f})]^2}$$

也可用原子态的光谱项的符号来表示各谱线系。式(2-5) 表明，碱金属原子的能量状态由价电子的主量子数 n 和轨道量子数 l 决定，所以原子态可以表示为 nL。目前为止，我们可以看到单个电子的角动量量子数用小写字母表示，而原子态的相应符号用大写字母表示。这样碱金属原子的各个谱线系可以表示为 $\tilde{\nu}_{主}=n_1\mathrm{S}-n_2\mathrm{P}$，$\tilde{\nu}_{锐}=n_1\mathrm{P}-n_2\mathrm{S}$，$\tilde{\nu}_{漫}=n_1\mathrm{P}-n_2\mathrm{D}$，$\tilde{\nu}_{基}=n_1\mathrm{D}-n_2\mathrm{F}$，其中 n_1、n_2 的取值由碱金属原子的结构决定，上述的谱线可称为粗结构。

第二节　谱线精细结构

从上述讨论结果可看出各线系的谱线都是单线，无法得到实验测量到的双线结构，必须对理论模型进行修正。从谱线系的公式可知，原子态的能量不是库仑简并，不同 l 态已经分裂开。这时相对论效应的修正不会产生新的能级，而是仅使各能级的位置产生微小移动。因此双重结构的主要修正来自电子的自旋与轨道运动的相互作用。

当考虑电子自旋的作用时，如果把核电荷数 Z 改为 Z^*，进行精细结构修正的方法与氢原子和类氢离子的处理方法相同，附加能量 $\Delta E_{l\cdot s}$ 可以表达为

$$\Delta E_{l\cdot s}=\frac{1}{4\pi\varepsilon_0}\times\frac{Z^{*4}e^2\hbar^2}{m_e^2c^2a_0^3n^3}\times\frac{j(j+1)-l(l+1)-s(s+1)}{2l(l+1)\left(l+\frac{1}{2}\right)}$$

$$=\frac{R\alpha^2Z^{*4}hc}{n^3l(l+1)\left(l+\frac{1}{2}\right)}\times\frac{j(j+1)-l(l+1)-s(s+1)}{2} \tag{2-7}$$

对应的光谱项为

$$\Delta T=-\frac{R\alpha^2Z^{*4}}{n^3l(l+1)\left(l+\frac{1}{2}\right)}\times\frac{j(j+1)-l(l+1)-s(s+1)}{2} \tag{2-8}$$

在式(2-7)和式(2-8)中 $j=l\pm1/2$，除 s 态外其余能态均分裂为两能级，且 $j=l+1/2$ 能级在 $j=l-1/2$ 能级的上方，这种排列属于正置顺序。

同时考虑相对论效应和电子自旋，精细结构公式为

$$T=T_0+\Delta T=\frac{RZ^{*2}}{n^2}+\frac{R\alpha Z^{*4}}{n^3}\left(\frac{1}{j+\frac{1}{2}}-\frac{3}{4n}\right) \tag{2-9}$$

由于 $Z^*=Z-\sigma$，此时相同的 j 能级不再简并，这是碱金属原子与氢原子和类氢离子能级的区别。

下面以钠（Na）原子为例讨论其谱线的精细结构。

Na 原子光谱的谱线系公式为：

主线系：$\tilde{\nu}_{主}=3S-nP \quad n\geqslant3,4,5,\cdots$

锐线系：$\tilde{\nu}_{锐}=3P-nS \quad n\geqslant4,5,6,\cdots$

漫线系：$\tilde{\nu}_{漫}=3P-nD \quad n\geqslant3,4,5,\cdots$

基线系：$\tilde{\nu}_{基}=3D-nF \quad n\geqslant4,5,6,\cdots$

这里具体给出的 n_1，n_2 的取值，是由钠原子的壳层结构决定的。各谱线系的精细结构如下。

1. 主线系的谱线结构

由精细结构公式 $T_n=T_0+\Delta T$，通过式(2-7)或式(2-8)可获得主线系的能级图。

对于主线系，3S 态的原子态为 $3^2S_{1/2}$，nP 态的原子态为 $n^2P_{3/2}$、$n^2P_{1/2}$。根据精细结构跃迁的选择定则 $\Delta l=\pm1$ 和 $\Delta J=0$，$\pm1(0\leftrightarrow0$ 除外)，可以得到钠原子的主线系能级结构，如图 2-1 所示。由于 S 态是单重态，P 态是双重态，故谱线为双线结构，其间隔为

$$\Delta\tilde{\nu}=\frac{R\alpha^2Z^{*4}}{2n^3}$$

随 n 增大，$\Delta\tilde{\nu}\to0$，谱线变为单线，趋向短波，整个谱域位于可见-紫外区。

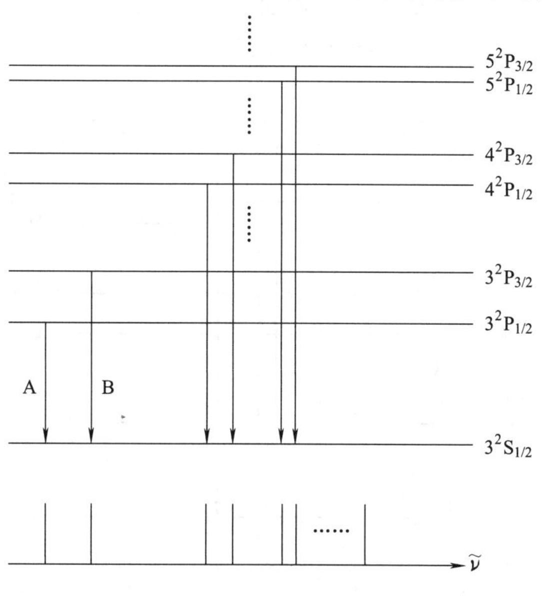

图 2-1　钠原子的主线系能级结构示意图

2. 锐线系的谱线结构

对于锐线系，nS 态的光谱项为 $n^2S_{1/2}$，3P 态的光谱项为 $3^2P_{3/2}$、$3^2P_{1/2}$。图 2-2 是根据选择定则得到的锐线系谱线精细结构。谱线为等间隔的双线结构，其间隔为

$$\Delta\tilde{\nu}=\frac{R\alpha^2 Z^{*4}}{54}$$

谱线系的谱域在可见区。

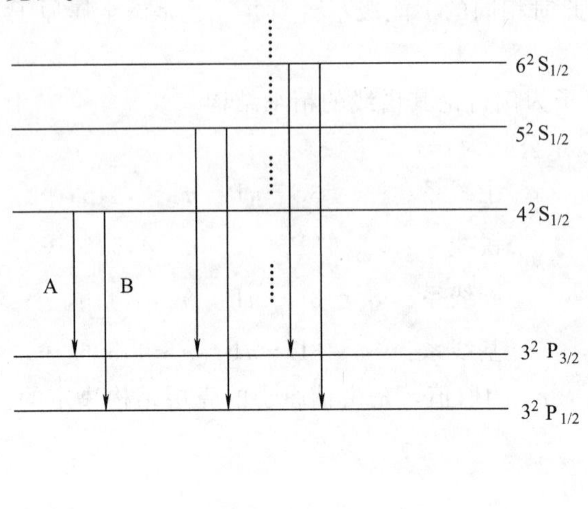

图 2-2　钠原子的锐线系能级结构示意图

3. 漫线系的谱线结构

由线系公式可知，3P 有 $3^2P_{3/2}$、$3^2P_{1/2}$ 两个原子状态，即双线能级结构，nD 态也有 $n^2D_{5/2}$、$n^2D_{3/2}$ 的双重结构。如图 2-3 所示，由选择定则获得三线结构的谱线，该结构有一个明显的特点，中间谱线随主量子数 n 的增加，其跃迁谱线向三重线的长波线方向靠近，最后变为等间隔双线结构，该谱线系的谱域在红外区。

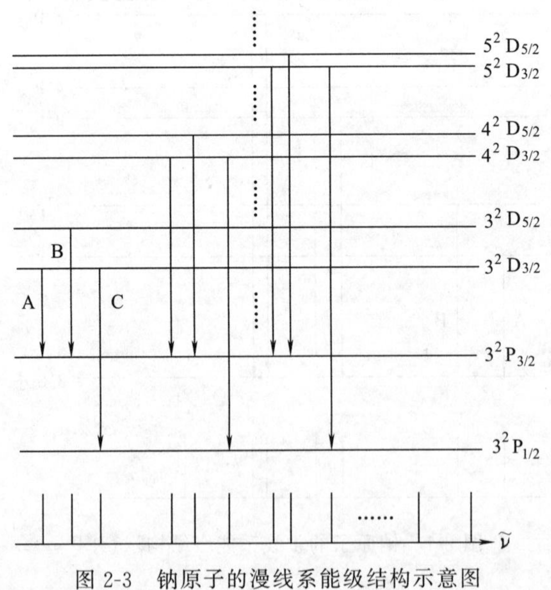

图 2-3　钠原子的漫线系能级结构示意图

基线系的谱线结构与漫线系相同，这里不再进行介绍。

第三节　碱金属原子光谱的强度分布

对碱金属原子双重光谱线的观察表明，其强度存在一定的规律性，这个强度规律可由电子跃迁的初始态和终止态能级光谱项的量子数来描述，即

（1）在多重谱线中最强的线是由量子数 J 与 L 改变量相同的跃迁产生。

（2）当存在一条以上这样的重线时，其中包括 J 最大值的那条谱线最强。

例如，钠主线系的精细结构由两条谱线组成：一条是 $^2P_{3/2} \rightarrow {}^2S_{1/2}$ 的跃迁，相应的量子数改变量为 $\Delta L=1$，$\Delta J=1$；另一条是 $^2P_{1/2} \rightarrow {}^2S_{1/2}$ 的跃迁，相应的量子数改变量为 $\Delta L=1$，$\Delta J=0$。其中，$^2P_{3/2} \rightarrow {}^2S_{1/2}$ 谱线的量子数改变量相同，符合条件（1），所以该谱线最强。

接下来再看钠的漫线系，精细结构三条谱线的量子数改变量分别为：

$$^2D_{5/2} \rightarrow {}^2P_{3/2}:\ \Delta L=1,\ \Delta J=1$$

$$^2D_{3/2} \rightarrow {}^2P_{3/2}:\ \Delta L=1,\ \Delta J=0$$

$$^2D_{3/2} \rightarrow {}^2P_{1/2}:\ \Delta L=1,\ \Delta J=1$$

其中 $^2D_{5/2} \rightarrow {}^2P_{3/2}$ 和 $^2D_{3/2} \rightarrow {}^2P_{1/2}$ 跃迁都符合条件（1），所以需要用条件（2）来进一步判断出 $^2D_{5/2} \rightarrow {}^2P_{3/2}$ 最强。判断结果与实际观测相符合。

1924 年，伯格、多热格和奥尔森发现谱线的双重结构强度的定量规则，称为强度和定则，描述如下：

（1）从一个共同的初始能级产生的这些重线的强度和正比于这个能级的量子权重 $(2J+1)$；

（2）从一个共同的终止能级产生的这些重线的强度和正比于该能级的量子权重 $(2J+1)$。

以钠原子为例，主线系中在图 2-1 上标记为 A、B 的两条精细结构谱线，应用强度和定则（1），可以得到其强度 I 之比为

$$\frac{I_A}{I_B}=\frac{g_{\frac{1}{2}}}{g_{\frac{3}{2}}}=\frac{2\times\frac{1}{2}+1}{2\times\frac{3}{2}+1}=\frac{1}{2}$$

$$g=2J+1$$

式中，g 为量子权重。

锐线系中在图 2-2 上标记为 A、B 的两条精细结构谱线，应用强度和定则（2）判定，可以得到其强度 I 之比为

$$\frac{I_A}{I_B}=\frac{g_{\frac{3}{2}}}{g_{\frac{1}{2}}}=\frac{2}{1}$$

漫线系中图 2-3 上标记为 A、B、C 的三条精细结构谱线，由强度和定则（1）得到式(2-10)，由强度和定则（2）得到式(2-11)

$$\frac{I_B}{I_A+I_C}=\frac{g_{\frac{5}{2}}}{g_{\frac{3}{2}}}=\frac{3}{2} \tag{2-10}$$

$$\frac{I_A+I_B}{I_C}=\frac{g_{\frac{3}{2}}}{g_{\frac{1}{2}}}=\frac{2}{1} \tag{2-11}$$

将式(2-10)和式(2-11)联立，得到三条谱线的强度比为 $I_A : I_B : I_C = 1 : 9 : 5$。上述结果与实验符合得很好。

但是对钾、铷、铯主线系的测量结果与理论值 1∶2 不是完全相符。例如，钾原子的主线系为 $\tilde{\nu} = 4S - nP$，$n \geqslant 4,5,6,\cdots$，只有 $n=4$ 的谱线强度比符合 1∶2，当主量子数 $n=5,6,7$ 时，其强度比分别是 1∶2.2、1∶2.3 和 1∶2.5。对于铯原子，随着 n 增大，强度比变小的现象更为明显。铯原子的主线系为 $\tilde{\nu} = 6S - nP$，$n \geqslant 6,7,8,\cdots$，其中 $n=6$ 的谱线强度比符合 1∶2，当 $n=7,8,9$ 时，强度比变为 1∶4，1∶10 和 1∶15.5。伊尔米把这种现象解释为自旋-轨道相互作用的结果。

第四节　类碱离子的光谱

具有与碱金属原子同样数目电子的离子称类碱离子，例如 Be^{+}、B^{2+}、C^{3+}、N^{4+}、O^{5+} 等。正如 He^{+}、Li^{2+}、Be^{3+} 的光谱与氢原子光谱相似一样，类碱离子与碱金属原子的光谱也很类似，这种离子光谱在光谱分析中常称为火花光谱。

在不考虑电子自旋运动的条件下，碱金属原子光谱可以表示为

$$T = \frac{R}{n^{*2}}$$

类碱离子光谱可以表示为

$$T = \frac{R(Z-p)^2}{n^{*2}}$$

式中，Z 为原子序数；p 为原子实的电子数。

也可写成

$$T = \frac{R(Z-\sigma)^2}{n^2}$$

式中，$(Z-\sigma)$ 为有效核电荷数。

通常把电子数目相同的离子称为等电子离子系，用莫塞莱图可比较等电子离子系光谱。

莫塞莱在 X 射线光谱中发现，$\sqrt{T/R}$ 与核电荷数 Z 的关系是一条过原点的直线，直线斜率为 $1/n$，这个关系图称为莫塞莱图。类氢离子显然满足该关系

$$\sqrt{\frac{T}{R}} = \frac{Z}{n}$$

由类碱离子光谱

$$T = \frac{R(Z-\sigma)^2}{n^2}$$

可得

$$\sqrt{\frac{T}{R}} = \frac{1}{n}(Z-\sigma)$$

这样以 $\sqrt{T/R}$ 为纵坐标，Z 为横坐标得到一条直线，由其斜率可确定主量子数 n，由直线与 Z 轴的交点可确定屏蔽常数 σ。

例如，类锂离子光谱项的莫塞莱图如图 2-4 所示，图中纵坐标为 $\sqrt{T/R}$，横坐标为核电荷数 Z。其中 $n=2$、$n=3$、$n=4$ 是类氢离子的三条虚线项，即

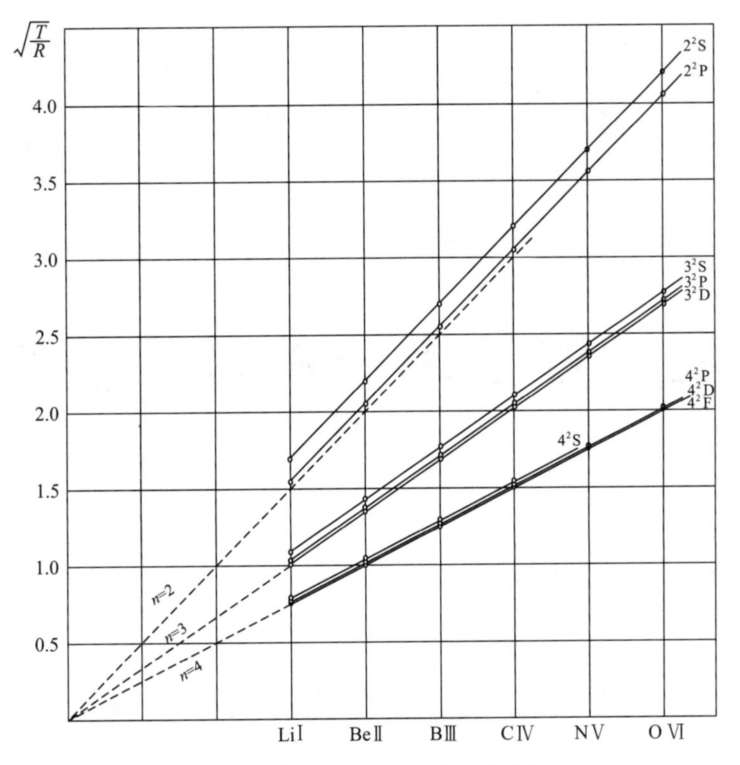

图 2-4 类锂离子光谱项的莫塞莱图

$$\sqrt{\frac{T}{R}}=\frac{Z}{2}, \sqrt{\frac{T}{R}}=\frac{Z}{3}, \sqrt{\frac{T}{R}}=\frac{Z}{4}$$

由图可以看出，三组谱项$\sqrt{T/R}$与Z的关系都是直线，因而σ是常数。第一组谱项 2S 和 2P 直线平行，相对类氢线有一偏移，在纵轴方向 2S 远离类氢线，此组

$$\sqrt{\frac{T_S}{R}}-\sqrt{\frac{T_P}{R}}$$

是常数，其他谱项也是如此。显然（T_1-T_2）是（$Z-\sigma$）的线性函数，常将其称为非正常双线或屏蔽双线定律。只要知道类碱离子 Li Ⅰ、Be Ⅱ，由此定律就可推出其他的（T_S-T_P）。

习 题

2-1 画出钠原子基线系精细结构的能级图，分析其谱线特点。

2-2 计算钾原子各谱线系第一条谱线的强度比。

第三章　双价电子的原子及其光谱

在第一、二章中对单价电子的原子讨论时，原子态都是用单价电子的运动状态来描述的，通过角动量模型（即 $\boldsymbol{j}=\boldsymbol{l}+\boldsymbol{s}$）来确定其原子态。本章用相同的方法来分析双价电子的原子情况，即用矢量耦合方法确定双价电子的原子态，借助角动量理论研讨能级及光谱。

第一节　双价电子的矢量模型

在双价电子的原子中，每一个价电子都有其运动轨道和自旋，除电子运动轨道与自旋相互作用外，两个价电子间也存在相互作用。电子间相互作用可以归结为角动量间的耦合，若 $\boldsymbol{l}$ 和 $\boldsymbol{s}$ 分别代表轨道角动量和自旋角动量，下角标 1、2 分别表示第一个、第二个电子，这样双价电子间耦合形式有 $\boldsymbol{s}_1$ 与 $\boldsymbol{s}_2$、$\boldsymbol{l}_1$ 与 $\boldsymbol{l}_2$、$\boldsymbol{l}_1$ 与 $\boldsymbol{s}_1$、$\boldsymbol{l}_2$ 与 $\boldsymbol{s}_2$、$\boldsymbol{l}_1$ 与 $\boldsymbol{s}_2$ 和 $\boldsymbol{l}_2$ 与 $\boldsymbol{s}_1$ 六种。不同的原子，上述各种耦合的强弱不同，一般情况下最后两种耦合相对较弱，讨论耦合形式的时候予以忽略。一般将耦合方式分为三大类：①*LS* 耦合；②*jj* 耦合；③*JK* 耦合，也称为拉卡耦合。本章仅讨论①、②两类耦合方式，第③类耦合是除氦原子外的其他惰性气体原子激发态的耦合形式，将在第四章中进行介绍。

一、　*LS* 耦合模型及光谱项

1. *LS* 耦合模型

在 *LS* 耦合模型中，两个价电子的自旋之间相互作用较强，两个价电子的轨道之间相互作用也较强，即相互作用能 $V_{s_1s_2}+V_{l_1l_2}\gg V_{l_1s_1}+V_{l_2s_2}$。若用矢量模型表示 *LS* 耦合模型，其图形如图 3-1 所示。其中，$\boldsymbol{s}_1$ 与 $\boldsymbol{s}_2$ 矢量相加耦合成原子的总自旋角动量 $\boldsymbol{S}$，即 $\boldsymbol{S}=\boldsymbol{s}_1+\boldsymbol{s}_2$；$\boldsymbol{l}_1$ 与 $\boldsymbol{l}_2$ 矢量相加耦合成原子的总轨道角动量 $\boldsymbol{L}$，即 $\boldsymbol{L}=\boldsymbol{l}_1+\boldsymbol{l}_2$；总自旋角动量 $\boldsymbol{S}$ 和总轨道角动量 $\boldsymbol{L}$ 进一步耦合成原子的总角动量 $\boldsymbol{J}$，即 $\boldsymbol{J}=\boldsymbol{L}+\boldsymbol{S}$。在矢量空间中，$\boldsymbol{s}_1$ 和 $\boldsymbol{s}_2$ 绕 $\boldsymbol{S}$ 进动，$\boldsymbol{l}_1$ 和 $\boldsymbol{l}_2$ 绕 $\boldsymbol{L}$ 进动，$\boldsymbol{L}$ 和 $\boldsymbol{S}$ 绕 $\boldsymbol{J}$ 进动。各角动量的大小可由量子力学角动量理论得到，分别为

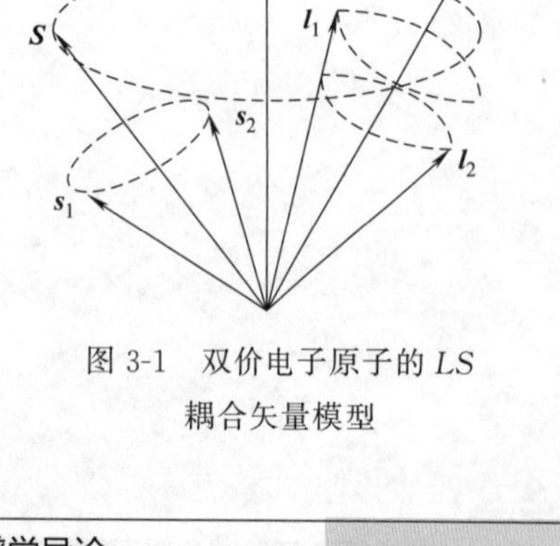

J
L
S
l_1
s_2
l_2
s_1

图 3-1　双价电子原子的 *LS* 耦合矢量模型

(以 $\hbar$ 为单位)：$|\boldsymbol{l}_1|=\sqrt{l_1(l_1+1)}$，$|\boldsymbol{l}_2|=\sqrt{l_2(l_2+1)}$，$|\boldsymbol{s}_1|=\sqrt{s_1(s_1+1)}$，$|\boldsymbol{s}_2|=\sqrt{s_2(s_2+1)}$，$|\boldsymbol{S}|=\sqrt{S(S+1)}$，$|\boldsymbol{L}|=\sqrt{L(L+1)}$，$|\boldsymbol{J}|=\sqrt{J(J+1)}$。

$\boldsymbol{L}$、$\boldsymbol{S}$ 和 $\boldsymbol{J}$ 的量子数 L、S 和 J 取值满足量子化条件，即

$$
\begin{aligned}
L&=l_1+l_2,l_1+l_2-1,\cdots,|l_1-l_2|\\
S&=s_1+s_2,s_1+s_2-1,\cdots,|s_1-s_2|\\
J&=L+S,L+S-1,\cdots,|L-S|
\end{aligned}
\tag{3-1}
$$

2. *LS* 耦合的光谱项

在 LS 耦合中，原子态的符号——光谱项用 $^{2S+1}L_J$ 或 $^{2S+1}L_J^{\circ}$ 表示，“$\circ$” 表示 l_1+l_2 等于奇数，有时不写。下面分两种情况来确定双价电子原子的光谱项。

(1) 非同科电子组态下的光谱项。电子组态指在原子中具有不同 nl 值的态电子分布，这种分布服从电子排布规律，即 $1s^2 2s^2 2p^6 3s^2 3p^6 4s^2 3d^{10}$ 等的正常排布规律。非同科电子组态是指 nl 不完全相同的电子组态。LS 耦合下用 n、l、m_l、m_s 四个量子数表示电子的一个运动状态。显然，在非同科电子组态中每一个电子运动状态的四个量子数 n、l、m_l、m_s 是不完全相同的。因此，光谱项符号 $^{2S+1}L_J$ 中的 L、S、J 完全由角动量相加规律来求得。例如，确定 pp 电子组态的光谱项：

pp 代表两个电子的主量子数 n 不同，轨道角动量量子数均为 1，即 $l_1=1$、$l_2=1$，单个电子的自旋量子数为 1/2，即 $s_1=1/2$、$s_2=1/2$。由这些已知条件，通过式(3-1) 可以求得

$$L=l_1+l_2,\cdots,|l_1-l_2|=2,1,0$$

$$S=s_1+s_2,\cdots,|s_1-s_2|=1,0$$

$$
J=L+S,L+S-1,\cdots,|L-S|=\begin{cases}
L=2,S=1\rightarrow 3,2,1\\
L=1,S=1\rightarrow 2,1,0\\
L=0,S=1\rightarrow 1\\
L=2,S=0\rightarrow 2\\
L=1,S=0\rightarrow 1\\
L=0,S=0\rightarrow 0
\end{cases}
$$

所以 pp 组态的光谱项为：$^3D_{3,2,1}$、$^3P_{2,1,0}$、$^3S_1$、$^1D_2$、$^1P_1$、$^1S_0$。

(2) 同科电子组态下的光谱项。nl 相同的电子组态为同科电子（等效电子）组态。由泡利不相容原理可知，原子中不会存在两个具有完全相同量子数 n、l、m_l、m_s 的电子。显然对同科电子而言，m_l、m_s 不完全相同才是可能状态。排除不符合要求的非同科光谱项，那些符合泡利不相容原理的同科电子组态才能存在，这样造成同科电子组态的光谱项比非同科电子组态的光谱项少。如何从同科电子组态中确定光谱项十分重要，具体方法很多，不论什么方法都是从全部电子态中除去不满足泡利不相容原理的光谱项，然后求出允许态的谱项。下面介绍两种方法。

a. 矩阵图示法（图表法）。因为同科电子中 nl 相同，这样 m_l 的取值范围也就相同。根据角动量量子数叠加规律，总轨道角动量的磁量子数可以表示为 $M_L=\sum m_l$，由 M_L 可推出耦合后的总轨道量子数 L，同理可推得总自旋量子数 S。根据泡利不相容原理去掉不应有状态，进而得到光谱项 $^{2S+1}L_J$。具体方法如下：在图 3-2 中的矩阵元为 $[M_L]_{\alpha\beta}=m_l^{\alpha}+m_l^{\beta}$，$\alpha$、$\beta$ 分别表示两个电子 m_l 取值。$[M_L]_{\alpha\beta}$ 是 $[M_L]$ 的矩阵元，m_l^{α}、m_l^{β} 取值为 l、$l-1$、…、0、…、$-l$，两者相加得到 $[M_L]$ 的所有组合值。

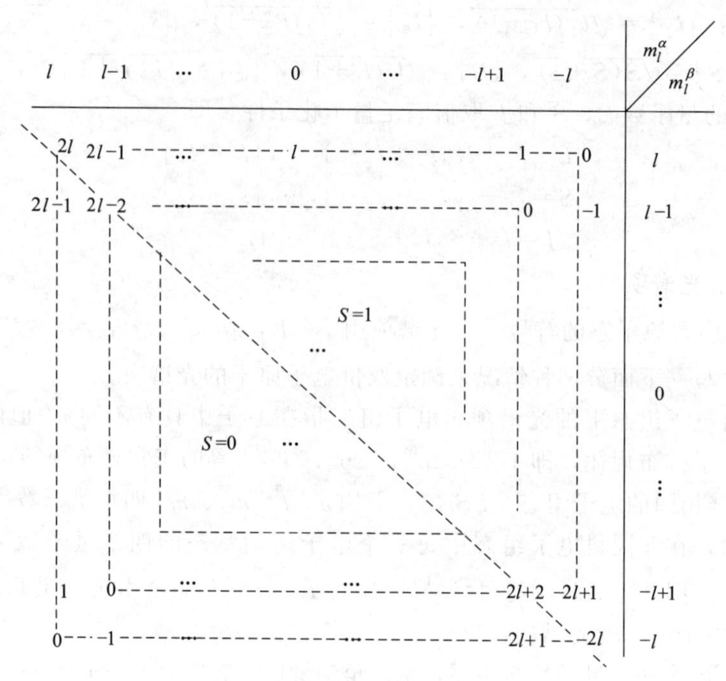

图 3-2 *LS* 耦合的矩阵图示法

从图 3-2 中可看出，$[M_L]$ 是一个转置矩阵，相邻元素差为 1，$[M_L]_{\alpha\alpha}$ 主对角线上 $m_l^\alpha=m_l^\beta$，即两个电子 n、l、m_l 相同。如果 $[M_L]_{\alpha\alpha}$ 存在，则只有 $m_{s_1}=-m_{s_2}$，即 $S=0$。除 $[M_L]_{\alpha\alpha}$ 外，n、l、m_l 不相同，这样 $m_{s_1}=\pm1/2$ 和 $m_{s_2}=\pm1/2$ 可任意组合，最终可得 $S=1$，0。如果考虑第一个电子和第二个电子不可区分，以主对角线为分界线，上、下方的 $[M_L]_{\alpha\beta}$ 是一种状态，只能有一方存在。另一部分舍去，则主对角线上 $[M_L]_{\alpha\alpha}$ 对应 $S=0$，除 $[M_L]_{\alpha\alpha}$ 外，主对角线上方 $S=0$、$S=1$，主对角线下方 $[M_L]_{\alpha\beta}$ 不存在。也可以把上述结果等效归纳为主对角线上方 $[M_L]_{\alpha\beta}$ 对应 $S=1$，主对角线（含）和下方 $[M_L]_{\alpha\beta}$ 对应 $S=0$，这样与结果相一致。从 $[M_L]_{\alpha\beta}$ 矩阵可看出，沿图中折线 $[M_L]_{\alpha\beta}$ 的取值正好对应于 L 所有磁量子数的值，从而得到 $^{2S+1}L_J$。

例如 p^2 电子组态，p^2 代表两个电子都位于同一个 p 轨道上，两个电子是不可分辨的。其轨道量子数为 $l_1=l_2=1$，自旋量子数为 $s_1=s_2=1/2$，其矩阵图示法见图 3-3，由图可知，$S=1$ 时 $L=1$，$S=0$ 时 $L=2$、0。所以，p^2 电子组态的光谱项为 $^3P_{2,1,0}$、$^1D_2$ 和 $^1S_0$。

b. 偶数定则法。该方法是依据泡利不相容原理，在其他方法基础上总结出的方法，仅适用于双价电子的情况。具体方法是：由角动量叠加规律 $L=l_1+l_2,\cdots,|l_1-l_2|$ 得到所有 L 值，在 L 值中的偶数项对应 $S=0$ 的情况，奇数项对应 $S=1$ 的情况。这样确定 L、S 后，相应的 $^{2S+1}L_J$ 随之确定。

二、*jj* 耦合模型及光谱项

1. *jj* 耦合模型

jj 耦合模型描述的是原子中两个电子自身的轨道和自旋相互作用较强，而电子间的自旋与自旋、轨道与轨道相互作用较弱，即 $V_{l_1s_1}+V_{l_2s_2}\gg V_{s_1s_2}+V_{l_1l_2}$ 的情况。这时，两个电子的自旋角动量和轨道角动量先耦合形成各自电子的总角动量 $\boldsymbol{j}_1$ 和 $\boldsymbol{j}_2$，再由 $\boldsymbol{j}_1$ 和 $\boldsymbol{j}_2$ 矢量

耦合形成原子的总角动量 $\boldsymbol{J}$。若用矢量运算表示这种耦合，则有 $\boldsymbol{j}_1=\boldsymbol{l}_1+\boldsymbol{s}_1$，$\boldsymbol{j}_2=\boldsymbol{l}_2+\boldsymbol{s}_2$，$\boldsymbol{J}=\boldsymbol{j}_1+\boldsymbol{j}_2$。其模型如图 3-4 所示。从模型中可看出，$\boldsymbol{l}_1$ 和 $\boldsymbol{s}_1$ 绕 $\boldsymbol{j}_1$ 进动，$\boldsymbol{l}_2$ 和 $\boldsymbol{s}_2$ 绕 $\boldsymbol{j}_2$ 进动，$\boldsymbol{j}_1$ 和 $\boldsymbol{j}_2$ 绕 $\boldsymbol{J}$ 进动。其角动量的大小为（以 $\hbar$ 为单位）：

$$
\begin{aligned}
|\boldsymbol{j}_1| &= \sqrt{j_1(j_1+1)},\ j_1=l_1+s_1, l_1+s_1-1,\cdots,|l_1-s_1| \\
|\boldsymbol{j}_2| &= \sqrt{j_2(j_2+1)},\ j_2=l_2+s_2, l_2+s_2-1,\cdots,|l_2-s_2| \\
|\boldsymbol{J}| &= \sqrt{J(J+1)},\ J=j_1+j_2, j_1+j_2-1,\cdots,|j_1-j_2|
\end{aligned}
\tag{3-2}
$$

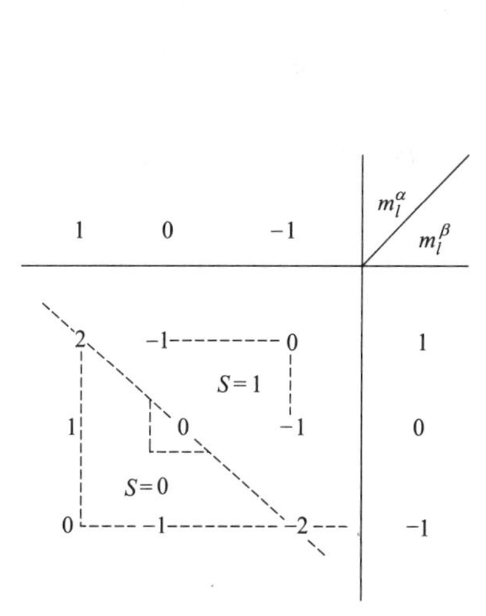

图 3-3　p^2 电子组态的矩阵图示法

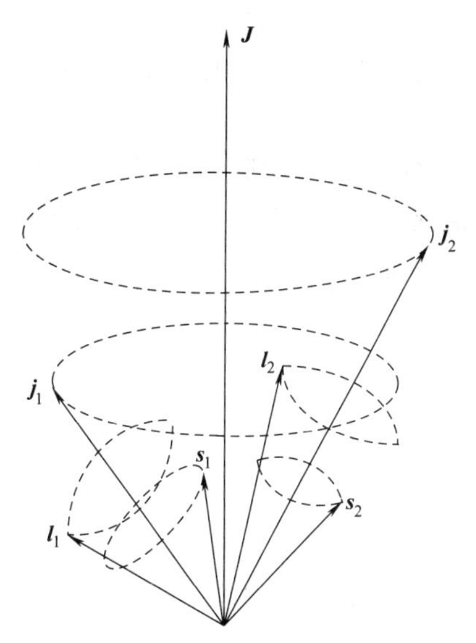

图 3-4　双价电子原子的 jj 耦合模型

2. jj 耦合的光谱项

在 jj 耦合中原子光谱项用 $(j_1,j_2)_J$ 表示，下面分两种情况来确定 $(j_1,j_2)_J$ 的光谱项。

（1）非同科电子组态的光谱项。在 jj 耦合模型中，表示电子运动状态的四个量子数为 n、l、j、m_j，其中 m_j 是电子总角动量的磁量子数。非同科电子组态中每一个电子状态的 n、l、j 和 m_j 是不完全相同的。由于不受泡利不相容原理的约束，可完全由角动量相加规律确定 j_1、j_2 和 J 的数值。

例如，pp 电子组态在 jj 耦合下的光谱项，可由

$$l_1=1;s_1=\frac{1}{2};j_1=\frac{3}{2},\frac{1}{2}$$

$$l_2=1;s_2=\frac{1}{2};j_2=\frac{3}{2},\frac{1}{2}$$

获得 (j_1,j_2)，为

$$\left(\frac{3}{2},\frac{3}{2}\right)、\left(\frac{3}{2},\frac{1}{2}\right)、\left(\frac{1}{2},\frac{3}{2}\right)、\left(\frac{1}{2},\frac{1}{2}\right)$$

相应光谱项 $(j_1,j_2)_J$ 分别为

$$\left(\frac{3}{2},\frac{3}{2}\right)_{3,2,1,0}、\left(\frac{3}{2},\frac{1}{2}\right)_{2,1}、\left(\frac{1}{2},\frac{3}{2}\right)_{2,1}、\left(\frac{1}{2},\frac{1}{2}\right)_{1,0}$$

（2）同科电子组态的光谱项。同科电子因为 n、l 相同，这样 j 和 m_j 的取值受到泡利

不相容原理约束。在 n、l、j、m_j 状态中，去除不满足泡利原理的状态，可得到真实的可能电子状态，这里介绍的方法同 LS 耦合相类似。具体操作步骤如下。

第一步，确定(j_1, j_2)的组合。因为两个电子的 n、l 相同，当 j_1 和 j_2 取固定值后，交换 j_1 和 j_2 得到的状态是同一状态，即$(j_1, j_2)=(j_2, j_1)$。因此，同科电子的(j_1, j_2)组合比非同科电子组合的数目少。

第二步，对 (j_1, j_2) 组合项进行分类。将 (j_1, j_2) 组合项分为 $j_1 \neq j_2$ 的组合项和 $j_1=j_2$ 的组合项。对 $j_1 \neq j_2$ 的组合项，因两个电子的 n、l、j、m_j 不完全相同，m_j 的取值不受约束，所以角动量 J 可由 $J=j_1+j_2, j_1+j_2-1, \cdots, |j_1-j_2|$ 确定。对 $j_1=j_2$ 的组合项，采用类似 LS 耦合的矩阵法，则原子总角动量量子数 J 的磁量子数 M_J 的矩阵可表达为 $[M_J]_{\alpha\beta}=m_j^{\alpha}+m_j^{\beta}$，如图 3-5 所示。通过 $[M_J]$ 分析可知，矩阵对角线上两个电子的 n、l、j、m_j 完全相同，所以 $[M_J]_{\alpha\alpha}$ 不存在。对两个同科电子而言，主对角线上、下方表示同一种情况，需舍去其一，一般舍去下方。剩余的主对角线上方部分，根据图中虚折线可由 M_J 推得 J 值。

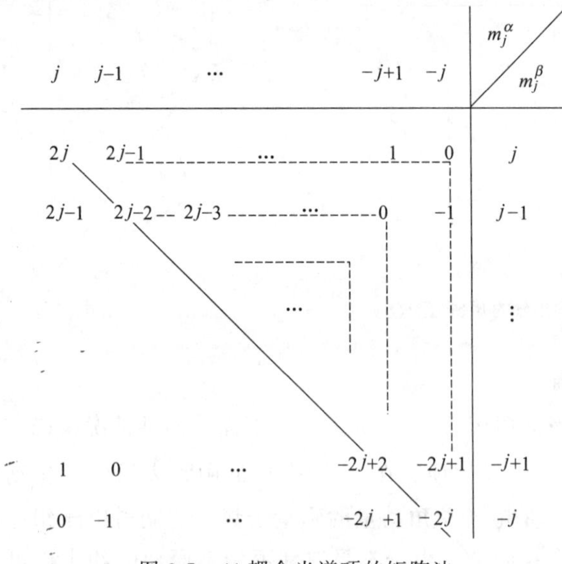

图 3-5　jj 耦合光谱项的矩阵法

例如，求解 p^2 电子组态在 jj 耦合下的光谱项：

p^2 表示两个电子位于同一个 l 轨道上，是同科电子组态。根据

$$l_1=l_2=1, s_1=s_2=\frac{1}{2}$$

可以求得

$$j_1=j_2=\frac{3}{2}, \frac{1}{2}$$

相应的 (j_1, j_2) 组合项为

$$\left(\frac{3}{2}, \frac{3}{2}\right)、\left(\frac{3}{2}, \frac{1}{2}\right)、\left(\frac{1}{2}, \frac{3}{2}\right)、\left(\frac{1}{2}, \frac{1}{2}\right)$$

中间的两个组合代表同一种情况，只取其一，$\left(\frac{3}{2}, \frac{3}{2}\right)$和$\left(\frac{1}{2}, \frac{1}{2}\right)$项则需要由矩阵法求解。

图 3-6 为$\left(\frac{3}{2},\frac{3}{2}\right)$对应的矩阵图示，由图得 $J=2$，0。图 3-7 为$\left(\frac{1}{2},\frac{1}{2}\right)$对应的矩阵图示，由图得 $J=0$。p^2 电子组态在 jj 耦合下的光谱项为

$$\left(\frac{3}{2},\frac{3}{2}\right)_{2,0}、\left(\frac{1}{2},\frac{3}{2}\right)_{2,1}、\left(\frac{1}{2},\frac{1}{2}\right)_{0}$$

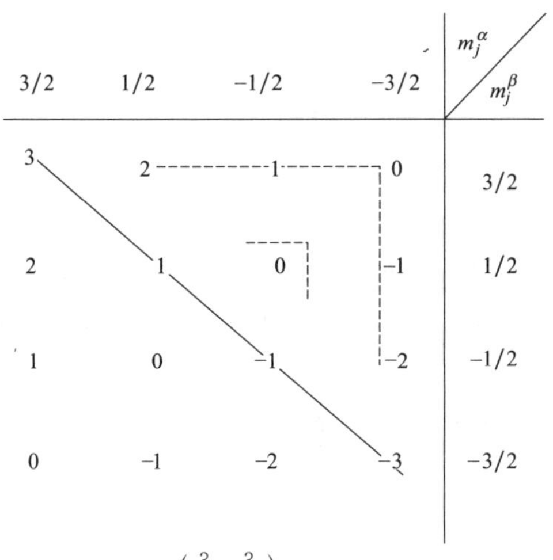

图 3-6 $\left(\frac{3}{2},\frac{3}{2}\right)$对应的矩阵图示

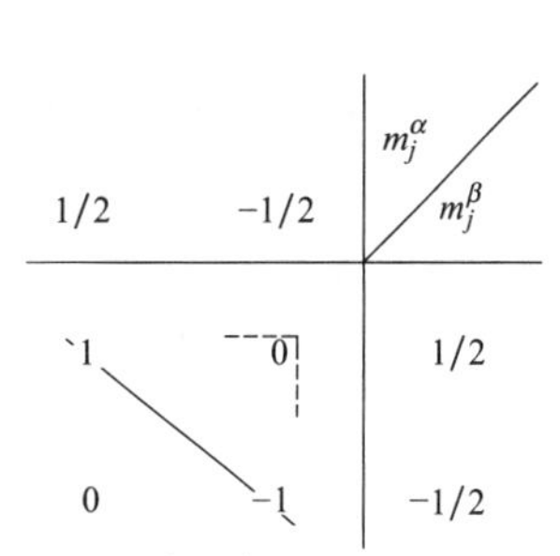

图 3-7 $\left(\frac{1}{2},\frac{1}{2}\right)$对应的矩阵图示

以上我们讨论了 LS 耦合和 jj 耦合下光谱项的确定。对同一电子组态，两种耦合方式确定的光谱项存在着一定的关系，即

（1）两种耦合方式确定的光谱项的数目相同。例如，非同科电子组态 pp 的光谱项数目都是 10 个，同科电子组态 p^2 的光谱项数目都是 5 个。

（2）同一个总角动量值的光谱项数目相同。例如，pp 电子组态${}^{2S+1}L_J$ 和$(j_1,j_2)_J$ 中，$J=2$ 时光谱项数目为 3 个，$J=1$ 时为 4 个，$J=3$ 时为 1 个，$J=0$ 时为 2 个。

第二节　双价电子原子的能级分布

在第一节中，我们讨论了双价电子原子的矢量模型，即 LS 耦合模型、jj 耦合模型，以及模型下电子组态存在的原子光谱项。原子光谱项实际表征原子态的能量，所以需要计算耦合中的相互作用能，求得每一个原子态的能量，进而得到能级分布。

一、耦合中的相互作用能

两个价电子间存在 6 种相互作用，可以把 $\boldsymbol{l}_1$ 和 $\boldsymbol{s}_2$、$\boldsymbol{l}_2$ 和 $\boldsymbol{s}_1$ 的相互作用忽略，只考虑其余的 4 种相互作用。在单价电子体系中，电子轨道与电子自旋间的相互作用能为

$$\Delta E_{l\cdot s}=\frac{R\alpha^2 Z^{*4}hc}{n^3 l\left(l+\frac{1}{2}\right)(l+1)}\times\frac{j(j+1)-l(l+1)-s(s+1)}{2}$$

该式可以表达为

$$\Delta E_{l\cdot s}=ahc\,\frac{j^{*2}-l^{*2}-s^{*2}}{2} \tag{3-3}$$

式中，$a=\dfrac{R\alpha^2 Z^{*4}}{n^3 l\left(l+\dfrac{1}{2}\right)(l+1)}$。

在双价电子中 $\boldsymbol{l}_1$ 和 $\boldsymbol{s}_1$、$\boldsymbol{l}_2$ 与 $\boldsymbol{s}_2$ 具有相似的形式。如果从角动量间的相互作用着手，式(3-3) 可写为 $\Delta E_{l\cdot s}=ahc\boldsymbol{l}\cdot\boldsymbol{s}$，因此任意两个角动量间的耦合作用能都应有类似形式，若用 $\Delta E=\Gamma hc$ 表示相互作用能，则有

$$\Gamma_1=a_1\boldsymbol{s}_1\cdot\boldsymbol{s}_2=a_1|\boldsymbol{s}_1||\boldsymbol{s}_2|\cos(s_1\hat{}s_2)$$

$$\Gamma_2=a_2\boldsymbol{l}_1\cdot\boldsymbol{l}_2=a_2|\boldsymbol{l}_1||\boldsymbol{l}_2|\cos(l_1\hat{}l_2)$$

$$\Gamma_3=a_3\boldsymbol{l}_1\cdot\boldsymbol{s}_1=a_3|\boldsymbol{l}_1||\boldsymbol{s}_1|\cos(l_1\hat{}s_1)$$

$$\Gamma_4=a_4\boldsymbol{l}_2\cdot\boldsymbol{s}_2=a_4|\boldsymbol{l}_2||\boldsymbol{s}_2|\cos(l_2\hat{}s_2)$$

Γ_1 和 Γ_2 是静电相互作用能，海森伯依据电子库仑斥力的交换积分，从理论上证明 $a_1<0$ 和 $a_2<0$。Γ_3 和 Γ_4 是电子自旋与轨道相互作用能，a_3 和 a_4 是由单价电子推广而来，所以有 $a_3>0$ 和 $a_4>0$。

考虑上述四种耦合作用能，精细结构的光谱项可表示为

$$T=T_0-(\Gamma_1+\Gamma_2+\Gamma_3+\Gamma_4)$$

式中，T_0 为有心力场下的体系能量。

二、LS 耦合能及其分布

在有心力场下哈密顿量表示为 $\hat{H}_0$，其他相互作用能用 $\hat{H}'$ 表示，可得双价电子体系的能量为

$$E_n=E_0+(a_1\vec{s}_1\cdot\vec{s}_2+a_2\vec{l}_1\cdot\vec{l}_2+a_3\vec{l}_1\cdot\vec{s}_1+a_4\vec{l}_2\cdot\vec{s}_2)hc \tag{3-4}$$

$E_n=E_0+E_1+E_2$，其中，E_1 是静电相互作用能，E_2 是电子的自旋-轨道耦合能，而系数 a_i 一般不易给出解析式，但耦合模型表明了耦合类型与 a_i 的关系，从而可给出 Γ_1、Γ_2、Γ_3、Γ_4 的具体表述。

由图 3-1 所示的 LS 耦合矢量模型可看出，$\boldsymbol{l}_1$ 和 $\boldsymbol{l}_2$、$\boldsymbol{s}_1$ 和 $\boldsymbol{s}_2$ 的夹角是固定不变的，而且有恒定的 $\boldsymbol{L}$ 和 $\boldsymbol{S}$ 模值，因此相互作用能 Γ 可表示为

$$\begin{aligned}\Gamma_1&=a_1\boldsymbol{s}_1\cdot\boldsymbol{s}_2=a_1|\boldsymbol{s}_1||\boldsymbol{s}_2|\cos(s_1\hat{}s_2)=\frac{a_1}{2}(S^{*2}-s_1^{*2}-s_2^{*2})\\ \Gamma_2&=a_2\boldsymbol{l}_1\cdot\boldsymbol{l}_2=a_2|\boldsymbol{l}_1||\boldsymbol{l}_2|\cos(l_1\hat{}l_2)=\frac{a_2}{2}(L^{*2}-l_1^{*2}-l_2^{*2})\end{aligned} \tag{3-5}$$

而 $\boldsymbol{l}_1$ 和 $\boldsymbol{s}_1$、$\boldsymbol{l}_2$ 和 $\boldsymbol{s}_2$ 的夹角随着 $\boldsymbol{l}_1$、$\boldsymbol{l}_2$ 绕 $\boldsymbol{L}$ 进动及 $\boldsymbol{s}_1$、$\boldsymbol{s}_2$ 绕 $\boldsymbol{S}$ 进动而变化，那么 $\cos(l_1\hat{}s_1)$、$\cos(l_2\hat{}s_2)$ 是随时间变化的，需求平均值。利用球面三角得

$$\begin{aligned}\overline{\cos(l_1\hat{}s_1)}&=\cos(L\hat{l}_1)\cos(L\hat{S})\cos(S\hat{s}_1)\\ \overline{\cos(l_2\hat{}s_2)}&=\cos(L\hat{l}_2)\cos(L\hat{S})\cos(S\hat{s}_2)\end{aligned} \tag{3-6}$$

从矢量合成角度可知，$\boldsymbol{l}_1$、$\boldsymbol{l}_2$ 和 $\boldsymbol{s}_1$、$\boldsymbol{s}_2$ 分别绕 $\boldsymbol{L}$ 和 $\boldsymbol{S}$ 的进动比 $\boldsymbol{L}$、$\boldsymbol{S}$ 绕 $\boldsymbol{J}$ 的进动快得多，所以垂直于轴的分量相互抵消，只剩平行轴的分量，整理得

$$\begin{aligned}\overline{\Gamma}_3+\overline{\Gamma}_4&=(a_3\alpha_3+a_4\alpha_4)\boldsymbol{L}\cdot\boldsymbol{S}\\ &=\frac{1}{2}(a_3\alpha_3+a_4\alpha_4)(J^{*2}-L^{*2}-S^{*2})\end{aligned}$$

令
$$A=a_3\alpha_3+a_4\alpha_4$$
则
$$\overline{\Gamma}_3+\overline{\Gamma}_4=\frac{A}{2}(J^{*2}-L^{*2}-S^{*2}) \tag{3-7}$$
式中
$$\alpha_3=\frac{S^{*2}+s_1^{*2}-s_2^{*2}}{2S^{*2}}\times\frac{L^{*2}+l_1^{*2}-l_2^{*2}}{2L^{*2}}$$
$$\alpha_4=\frac{S^{*2}+s_2^{*2}-s_1^{*2}}{2S^{*2}}\times\frac{L^{*2}+l_2^{*2}-l_1^{*2}}{2L^{*2}}$$
$$a_3=\frac{R\alpha^2Z^{*4}}{n_1^3l_1\left(l_1+\frac{1}{2}\right)(l_1+1)} \tag{3-8}$$
$$a_4=\frac{R\alpha^2Z^{*4}}{n_2^3l_2\left(l_2+\frac{1}{2}\right)(l_2+1)}$$

由式(3-5)、式(3-7)和式(3-8)可知，在 LS 耦合中 $|a_1|$ 和 $|a_2|$ 比 a_3 和 a_4 值大，对于给定的 L 和 S 值，A 有固定值，而且 $|A|<<|a_1|$，$|a_2|$。A 值取决于 L、S 的值，决定了能级的多重分裂。总之，在 LS 耦合下，体系能量为
$$E_n=E_0+\Delta E$$
光谱项为
$$T_n=T_0+\Delta T$$
$$\Delta T=-\left[\frac{a_1}{2}(S^{*2}-s_1^{*2}-s_2^{*2})+\frac{a_2}{2}(L^{*2}-l_1^{*2}-l_2^{*2})+\frac{A}{2}(J^{*2}-L^{*2}-S^{*2})\right] \tag{3-9}$$

由式(3-9)和 a_1、a_2、A 的各自系数之间的大小关系及正负可以确定电子组态的相对能级分布。

下面以 pd 电子组态为例，根据式(3-9)计算光谱项能量并给出能级分布图，具体可分为 4 步。

1. 利用 *LS* 耦合模型确定电子组态 pd 的光谱项

由 $l_1=1$，$l_2=2$，$L=3$，2，1；$s_1=1/2$，$s_2=1/2$，$S=1$，0 可以得到光谱项为 ${}^1F_3$、${}^1D_2$、${}^1P_1$、${}^3F_{4,3,2}$、${}^3D_{3,2,1}$、${}^3P_{2,1,0}$。

2. 计算各个光谱项的项值 $T\ [{}^{2S+1}L_J]$

当 $S=0$ 时，将 $l_1=1$，$l_2=2$，$s_1=s_2=1/2$ 代入式(3-5)、式(3-7)，得
$$\Gamma_1=\frac{a_1}{2}[S(S+1)-s_1(s_1+1)-s_2(s_2+1)]=-\frac{3a_1}{4}$$
$$\Gamma_2=\frac{a_2}{2}[L(L+1)-l_1(l_1+1)-l_2(l_2+1)]$$

列出计算数据：

L	1	2	3
Γ_2	$-3a_2$	$-a_2$	$2a_2$

$$\overline{\Gamma}_3+\overline{\Gamma}_4=\frac{A}{2}[J(J+1)-L(L+1)-S(S+1)]=0$$

当 $S=1$ 时，$\Gamma_1=\frac{a_1}{2}\ [S(S+1)-s_1(s_1+1)-s_2(s_2+1)]=\frac{a_1}{4}$

Γ_2 的结果与 $S=0$ 的情况相同。

$$\overline{\Gamma}_3+\overline{\Gamma}_4=\frac{A}{2}[J(J+1)-L(L+1)-S(S+1)]$$

列出计算数据：

L		1			2			3	
J	2	1	0	3	2	1	4	3	2
$\overline{\Gamma}_3+\overline{\Gamma}_4$	A	$-A$	$-2A$	$2A'$	$-A'$	$-3A'$	$3A''$	$-A''$	$-4A''$

因为 A 是由 L 和 S 值决定的，不同的 L 和 S 对应的 A 值不同，所以上述数据中 A、A'、A''代表 A 的具体值。将计算得到的 Γ_1、Γ_2 和（$\overline{\Gamma}_3+\overline{\Gamma}_4$）值代入 $T=T_0+\Delta T$，得到各光谱项的能量为

$$T[^1P_1]=T_0+\frac{3}{4}a_1+3a_2 \qquad T[^1D_2]=T_0+\frac{3}{4}a_1+a_2$$

$$T[^1F_3]=T_0+\frac{3}{4}a_1-2a_2 \qquad T[^3P_0]=T_0-\frac{1}{4}a_1+3a_2+2A$$

$$T[^3P_1]=T_0-\frac{1}{4}a_1+3a_2+A \qquad T[^3P_2]=T_0-\frac{1}{4}a_1+3a_2-A$$

$$T[^3D_1]=T_0-\frac{1}{4}a_1+a_2+3A' \qquad T[^3D_2]=T_0-\frac{1}{4}a_1+a_2+A'$$

$$T[^3D_3]=T_0-\frac{1}{4}a_1+a_2-2A' \qquad T[^3F_2]=T_0-\frac{1}{4}a_1-2a_2+4A''$$

$$T[^3F_3]=T_0-\frac{1}{4}a_1-2a_2+A'' \qquad T[^3F_4]=T_0-\frac{1}{4}a_1-2a_2-3A''$$

3. 判定 a_i 和 A^i 的正负号，比较 a_i 和 A^i 数值大小关系

$a_1<0$，$a_2<0$，其绝对值远远大于 A^i 值，即 $|A^i|\ll|a_1|$，$|a_2|$。各参数中，Γ_1 决定分裂的性质，即单重与三重分裂；Γ_2 决定 L 不同的光谱项其能量距 T_0 的距离；$\overline{\Gamma}_3+\overline{\Gamma}_4$ 决定三重态的进一步分裂；A 的正负决定能级排列是正常顺序还是倒置顺序。

下面判断 A 的正负，当 $L=1$，$S=1$ 时，由式(3-8) 计算得

$$\alpha_3=-\frac{1}{4}，\alpha_4=\frac{3}{4}，a_3=\frac{K}{3n_1^3}，a_4=\frac{K}{15n_2^3}$$

式中，$K=R\alpha^2Z^{*4}$，代入定义式 $A=a_3\alpha_3+a_4\alpha_4$，得

$$A=\frac{K}{20n_2^3}-\frac{K}{12n_1^3}<0$$

同理，求得 $A'>0$，$A''>0$。

将 $A<0$ 的能级排列称为倒置顺序，即 J 值越大能级位置越往下；将 $A>0$ 的能级顺序称为正常顺序。

4. 画出能级图

依据 $T=T_0+\Delta T$，$\Delta T=-(\Gamma_1+\Gamma_2+\overline{\Gamma}_3+\overline{\Gamma}_4)$ 可以得到能级分布，如图 3-8 所示。图中，T_0 为有心力场下的能量。

通过上述四步获得了 pd 电子组态的相对能级分布，该能级分布与实际分布是否相符，一般通过郎德间隔规则判定，即同一光谱项相邻两不同 J 值的能级间隔与较大的 J 值成正

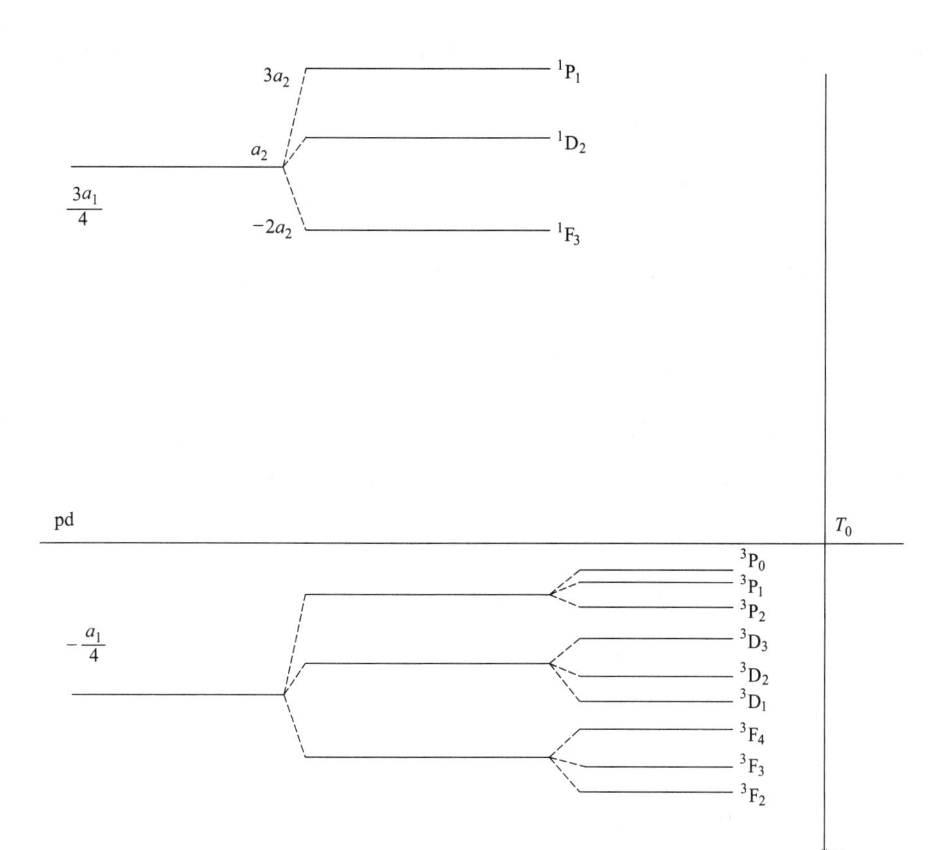

图 3-8　pd 电子组态在 LS 耦合下的能级分布图

比。由式(3-7) 可求出多重态的相邻能级间隔为

$$\Delta T=\frac{A}{2}\{[J(J+1)-L(L+1)-S(S+1)]-[(J-1)J-L(L+1)-S(S+1)]\}=AJ$$

式中，J 为两能级中较大的 J 值。

就 pd 电子组态而言，完全符合 $\Delta T=AJ$。但在实际中多数原子的电子相互作用不能很好地符合 LS 耦合，这样 $\Delta T=AJ$ 就不一定满足，存在着偏差，例如表 3-1 中的数据。

表 3-1　LS 耦合下的精细结构间隔比　　m^{-1}

理论间隔 2∶1				理论间隔 3∶2			
电子组态	$^3P_1-^3P_2$	$^3P_0-^3P_1$	实验比例	电子组态	$^3D_2-^3D_3$	$^3D_1-^3D_2$	实验比例
Ca 3d4d	2690	1350	2.0	Zn 4s4d	460	340	1.4
Ca 4s4p	10590	5230	2.02	Ca 4s4d	2170	1360	1.6
Sr 5s5p	39160	18700	2.1	Ca 3d4p	4000	2670	1.5
Mg 3s3p	4090	2000	2.0	Ca 5s5d	1820	1170	1.6
Zn 4s4p	38900	19000	2.0	Ca 4s4d	560	380	1.5

三、jj 耦合能及其分布

对 jj 耦合能的处理方式与 LS 耦合模型类似。在 jj 耦合中，j_1、j_2 是恒定量，l_1 和

$\boldsymbol{s}_1$、$\boldsymbol{l}_2$ 和 $\boldsymbol{s}_2$ 的夹角固定，而 $\boldsymbol{l}_1$ 和 $\boldsymbol{l}_2$、$\boldsymbol{s}_1$ 和 $\boldsymbol{s}_2$ 的夹角随时间变化，因此可得耦合作用能

$$\Gamma_3=\frac{a_3}{2}[j_1(j_1+1)-l_1(l_1+1)-s_1(s_1+1)]$$

$$\Gamma_4=\frac{a_4}{2}[j_2(j_2+1)-l_2(l_2+1)-s_2(s_2+1)] \tag{3-10}$$

$$\overline{\Gamma}_1+\overline{\Gamma}_2=a_1|\boldsymbol{s}_1||\boldsymbol{s}_2|\overline{\cos(s_1\hat{}s_2)}+a_2|\boldsymbol{l}_1||\boldsymbol{l}_2|\overline{\cos(l_1\hat{}l_2)}$$

由球面三角得

$$\overline{\cos(s_1\hat{}s_2)}=\cos(j_1\hat{}s_1)\cos(j_2\hat{}s_2)\cos(j_1\hat{}j_2)$$

$$\overline{\cos(l_1\hat{}l_2)}=\cos(j_1\hat{}l_1)\cos(j_2\hat{}l_2)\cos(j_1\hat{}j_2) \tag{3-11}$$

根据矢量模型将$\overline{\cos(l_1\hat{}s_1)}$，$\overline{\cos(l_2\hat{}s_2)}$用角动量数值表示，整理得到

$$\overline{\Gamma}_1+\overline{\Gamma}_2=\frac{B}{2}[J(J+1)-j_1(j_1+1)-j_2(j_2+1)] \tag{3-12}$$

式中

$$B=a_1\alpha_1+a_2\alpha_2$$

$$\alpha_1=\frac{j_1^{*2}+s_1^{*2}-l_1^{*2}}{2j_1^{*2}}\times\frac{j_2^{*2}+s_2^{*2}-l_2^{*2}}{2j_2^{*2}}$$

$$\alpha_2=\frac{j_1^{*2}+l_1^{*2}-s_1^{*2}}{2j_1^{*2}}\times\frac{j_2^{*2}+l_2^{*2}-s_2^{*2}}{2j_2^{*2}} \tag{3-13}$$

从而得到 jj 耦合下精细结构的光谱项为

$$T=T_0+\Delta T$$

其中

$$\Delta T=-(\overline{\Gamma}_1+\overline{\Gamma}_2+\Gamma_3+\Gamma_4)$$

$$\Delta T=-\{\frac{a_3}{2}[j_1(j_1+1)-l_1(l_1+1)-s_1(s_1+1)]+\frac{a_4}{2}[j_2(j_2+1)-l_2(l_2+1)$$

$$-s_2(s_2+1)]+\frac{B}{2}[J(J+1)-j_1(j_1+1)-j_2(j_2+1)]\} \tag{3-14}$$

下面以 ps 电子组态为例画出能级分布图，具体方法与 LS 耦合类似，分为 4 步。

1. 确定 ps 电子组态的光谱项

由 $l_1=1$，$s_1=1/2$ 和 $l_2=0$，$s_2=0$ 可以确定其光谱项为

$$\left(\frac{1}{2},\frac{1}{2}\right)_{1,0}、\left(\frac{3}{2},\frac{1}{2}\right)_{2,1}$$

2. 计算 $T[(j_1,j_2)_J]$ 的光谱项值

依据式(3-10) 计算得

$$\Gamma_3=\frac{a_3}{2}(j_1^{*2}-s_1^{*2}-l_1^{*2})=\begin{cases}-a_3,j_1=\dfrac{1}{2}\\ \dfrac{a_3}{2},j_2=\dfrac{3}{2}\end{cases}$$

$$\Gamma_4=\frac{a_4}{2}\left(j_2^{*2}-l_2^{*2}-s_2^{*2}\right)=0$$

$$\overline{\Gamma}_1+\overline{\Gamma}_2=\frac{B}{2}[J(J+1)-j_1(j_1+1)-j_2(j_2+1)]$$

列出计算数据（见表 3-2）：

表 3-2　光谱项值

(j_1,j_2)	$\left(\frac{3}{2},\frac{1}{2}\right)$		$\left(\frac{1}{2},\frac{1}{2}\right)$	
J	1	2	0	1
$\overline{\Gamma}_1+\overline{\Gamma}_2$	$-\frac{5}{4}B$	$\frac{3}{4}B$	$-\frac{3}{4}B'$	$\frac{1}{4}B'$

这里 B 是(j_1,j_2)的函数，当(j_1,j_2)确定后 B 是一个定值。整理得到光谱项的谱项值为

$$T\left[\left(\frac{1}{2},\frac{1}{2}\right)_1\right]=T_0+a_3-\frac{1}{4}B' \quad T\left[\left(\frac{1}{2},\frac{1}{2}\right)_0\right]=T_0+a_3+\frac{3}{4}B'$$

$$T\left[\left(\frac{3}{2},\frac{1}{2}\right)_1\right]=T_0-\frac{a_3}{2}+\frac{5}{4}B \quad T\left[\left(\frac{3}{2},\frac{1}{2}\right)_2\right]=T_0-\frac{a_3}{2}-\frac{3}{4}B$$

3. 判定系数 a_3、a_4、B^i 的正负及其数值大小

其中 a_3、a_4 决定着能级(j_1,j_2)的分裂大小。$|B^i|$代表$(j_1,j_2)_J$ 中的 J 分裂，决定重态分裂的大小。由于 $a_1<0$，$a_2<0$，通过式(3-13) 计算得

$$\alpha_1=\begin{cases}<0,\left(\frac{1}{2},\frac{1}{2}\right)\\ >0,\left(\frac{3}{2},\frac{1}{2}\right)\end{cases} \qquad \alpha_2=0$$

由公式 $B=a_1\alpha_1+a_2\alpha_2$ 可以得到：$B<0$，$B'>0$。

4. 画出能级分布图

依据 $T=T_0+\Delta T$ 作图得到 ps 电子组态在 jj 耦合下的能级分布图（图 3-9），图中，T_0 为有心力场下的体系能量。

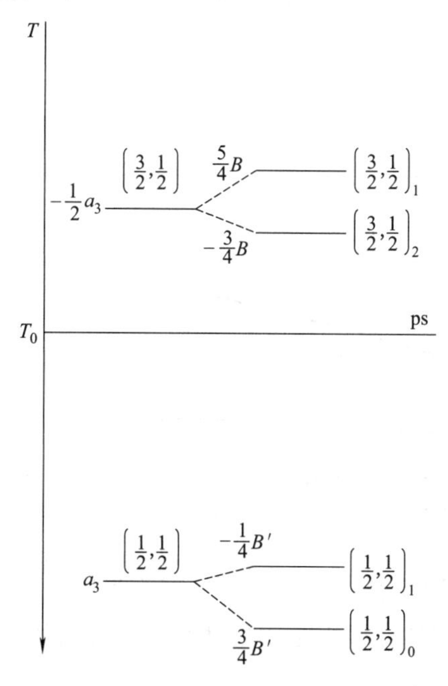

图 3-9　ps 电子组态在 jj 耦合下的能级分布图

相对于 LS 耦合，jj 耦合下能级的分裂情况与实测数据符合得较好。

第三节 两种耦合形式的关联

LS 耦合和 jj 耦合两种形式均属于极端情况，大多数耦合是两种耦合形式的混合和过渡，具体的变化规律如下：

（1）随着原子序数 Z 的增加，耦合形式由 LS 耦合向 jj 耦合过渡。例如，第ⅣA 族的 C、Si、Ge、Sn、Pb 都属于具有 p^2 组态的原子。其第一激发电子组态 ps 的相对能级分布如图 3-10 所示。为了更好地反映变化趋势，我们对各原子的能级进行归一化，即令这些原子 ps 态的最低能态的能量为 0，最高能态的能量为 1 来进行归一化处理。

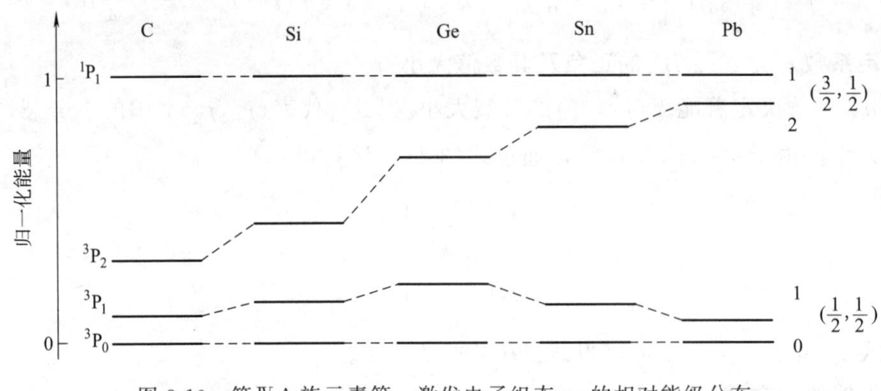

图 3-10 第ⅣA 族元素第一激发电子组态 ps 的相对能级分布

（2）原子中同一种电子组态的耦合形式随着主量子数 n 的增加，由 LS 耦合向 jj 耦合过渡。例如，图 3-11 所示为 Si 原子电子组态 3pns 的相对能级分布。

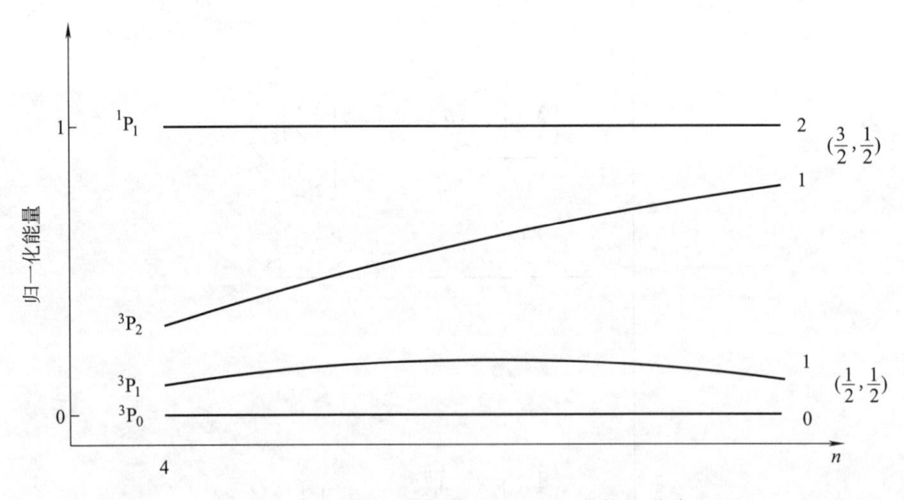

图 3-11 Si 原子电子组态 3pns 的相对能级分布

（3）但是也存在电子组态耦合形式随 n 的变化始终保持不变的情况。例如，图 3-12 所示的 Cd 原子的 5snp 电子组态。

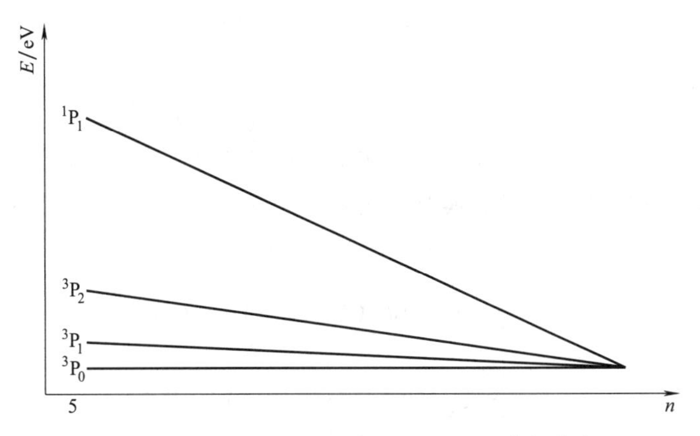

图 3-12　Cd 原子电子组态 5s*n*p 的相对能级分布

由此可以看出，耦合形式只针对某一确定的电子组态而言，通常由实验数据确定。

第四节　双价电子原子的光谱

在本章前三节中，我们分别讨论了双价电子原子的光谱项、能级相对分布与耦合形式的关联，本节主要讨论其光谱结构及特征。

一、氦原子的能级及光谱

1. 氦原子的能级

氦原子是双价电子原子中最简单的原子，它没有内层电子，正常情况下电子组态为 $1s^2$。针对氦原子的研究，对进一步了解多电子原子具有十分重要的意义。

在正常情况下，氦原子的一个电子被激发到高能级，形成激发态。其电子组态为 1s*nl*：1s2s、1s3s、…、1s*n*s；1s2p、1s3p、…、1s*n*p；1s3d、1s4d、…、1s*n*d 等。氦原子中电子的相互作用属于典型的 *LS* 耦合形式，利用 *LS* 耦合理论可以求得每一个电子组态的相对能级分布，然后组合所有可能电子组态下的能级，就可得到氦原子的能级图。氦原子能级可根据量子力学求解，以下以氦原子为例，进一步说明 *LS* 耦合能级分布中单重态比多重态能量高，与量子力学相吻合。

对于氦原子体系，如果不涉及电子自旋、电子间相互作用，仅考虑电子受核电荷的作用，则体系的哈密顿量为

$$\hat{H}_0=-\frac{\hbar^2}{2\mu}\nabla_1^2-\frac{\hbar^2}{2\mu}\nabla_2^2-\frac{Ze^2}{4\pi\varepsilon_0 r_1}-\frac{Ze^2}{4\pi\varepsilon_0 r_2}$$

在薛定谔方程 $\hat{H}_0\psi=E\psi$ 中，令 $\psi=\psi_q(1)\psi_r(2)$。

式中，$\psi_q(1)$ 和 $\psi_r(2)$ 为单价电子体系的波函数，即 $\psi_{nlm}=R_{nl}Y_{lm}(\theta,\ \phi)$。

根据电子全同性，$\psi=\psi_q(1)\psi_r(2)$ 也是方程的解。因此，薛定谔方程的解为这两个解的线性组合，即 $\psi=A\psi_q(1)\psi_r(2)+B\psi_r(1)\psi_q(2)$。式中 A，B 为系数，需根据 He 原子体系本身特征来确定。在全同粒子中，两个电子变换位置，其 $[\hat{H}_0]$ 不变，即 $\hat{H}_0(1,2)=\hat{H}_0(2,1)$，那么

$$\hat{H}_0\psi=\hat{H}_0(1,2)\ \psi=E\psi$$

电子交换后得

$$\hat{H}_0(2,1)\ \psi'=\hat{H}_0(1,2)\ \psi'=E\psi'$$

当考虑到微扰作用时，ψ 成为非简并波函数，因此要求 $\psi'=C\psi$。当交换两次后，恢复原状 $\psi'=\pm\psi$。这说明波函数 ψ 是交换对称或交换反对称。或者，原来简并的波函数，受到微扰后一个对称（即 ψ_s），另一个反对称（即 ψ_a），有

$$\psi_s=\frac{1}{\sqrt{2}}[\psi_q(1)\psi_r(2)+\psi_r(1)\psi_q(2)]$$

$$\psi_a=\frac{1}{\sqrt{2}}[\psi_q(1)\psi_r(2)-\psi_r(1)\psi_q(2)]$$

(1) 当考虑电子相互作用时，有

$$\hat{H}'=\frac{e^2}{4\pi\varepsilon_0 r_{12}}$$

而且

$$\int\psi_s\frac{e^2}{4\pi\varepsilon_0 r_{12}}\psi_a\mathrm{d}\tau=0$$

其在 ψ_s、ψ_a 状态下能量值（本征值、微扰项）为

$$\begin{aligned}H'_{ss}&=\int\psi_s\ \frac{e^2}{4\pi\varepsilon_0 r_{12}}\psi_s\,\mathrm{d}\tau\\&=\int\psi_q(1)\,\psi_r(2)\,\frac{e^2}{4\pi\varepsilon_0 r_{12}}\psi_q(1)\,\psi_r(2)\,\mathrm{d}\tau+\int\psi_q(1)\,\psi_r(2)\,\frac{e^2}{4\pi\varepsilon_0 r_{12}}\psi_r(1)\,\psi_q(2)\,\mathrm{d}\tau\\&=C_1+A_1\end{aligned}$$

$$H'_{aa}=\int\psi_a\ \frac{e^2}{4\pi\varepsilon_0 r_{12}}\psi_a\,\mathrm{d}\tau=C_1-A_1$$

考虑 $e^2/(4\pi\varepsilon_0 r_{12})$ 项后，体系能量在 ψ_s、ψ_a 中分别为 $E_{\psi_s}=E_0+H'_{ss}$、$E_{\psi_a}=E_0+H'_{aa}$。

(2) 当考虑电子自旋时，如果仅考虑自旋波函数与 ψ_s、ψ_a 间的关联，那么两个电子有四个自旋波函数，分别是

$$\alpha(1)\alpha(2),\beta(1)\beta(2),\frac{1}{\sqrt{2}}[\alpha(1)\beta(2)\pm\beta(1)\alpha(2)]$$

这四个波函数中，α 表示 $S_z=1/2$（↑），β 表示 $S_z=-1/2$（↓），而自旋波函数有三个对称 χ_s 和一个反对称 χ_a。由于电子体系是费米体系，所有波函数必须是反对称形式(反对称原理)，即 $\Phi=\psi(\vec{r})\chi(s_z)$。这样组成四个波函数

$$\Phi=\begin{cases}\dfrac{1}{\sqrt{2}}[\psi_q(1)\psi_r(2)+\psi_r(1)\psi_q(2)]\times\dfrac{1}{\sqrt{2}}[\alpha(1)\beta(2)-\beta(1)\alpha(2)] & \uparrow\downarrow\quad S=0\\ \dfrac{1}{\sqrt{2}}[\psi_q(1)\psi_r(2)-\psi_r(1)\psi_q(2)]\times\begin{cases}\alpha(1)\alpha(2) & \uparrow\uparrow\\ \beta(1)\beta(2) & \downarrow\downarrow\\ \dfrac{1}{\sqrt{2}}[\alpha(1)\beta(2)+\beta(1)\alpha(2)] & \uparrow\downarrow\end{cases} & S=1\end{cases}$$

式中，“↑”和“↓”组合代表波函数对应的自旋状态。

综合考虑单重态和三重态，有

$$\Delta E = E(S=0) - E(S=1)$$
$$= E_0 + H'_{ss} - (E_0 + H'_{aa})$$
$$= 2A > 0$$

所以^1L_J 比^3L_J 高，上述讨论也证实了 LS 耦合的正确性。

2. 光谱结构

双价电子原子的选择定则为：$\Delta L=\pm1$，$\Delta S=0$，$\Delta J=0$，±1（$0\leftrightarrow0$ 除外）。氦原子光谱较为简明，$\Delta S=0$ 使单重态和三重态间不能产生跃迁辐射，所以谱线分为了两套，即单重线结构和三重线结构。每套谱线又具有四个线系，即主线系、锐线系、漫线系、基线系。这样氦原子共有八个谱线系。在三重线系中，主线系和锐线系中的谱线由靠得很近的三条线构成，而漫线系、基线系每一条谱线都由 6 条靠得很近的线构成，有时称为复三重线。至今没有发现氦原子从单重态到三重态的跃迁，这说明氦原子是 LS 耦合的典型代表。

3. 基态、激发态、亚稳态

在光谱中，原子基态是指原子所处的最低的能量状态。基态是稳定态，通常用基态光谱项$^{2S+1}L_J$ 表示。氦原子的基态为 1^1S_0。基态电子组态中最外层一个电子被激发到高能态形成激发电子组态。激发态是指由激发电子组态所得到的光谱项。其中，第一激发态是距基态最近的状态，只需要很小的能量就能使原子从基态跃迁到第一激发态。受选择定则 $\Delta L=\pm1$ 的限制，处于 2^3S_1 和 2^1S_0 态的激发电子不能以电偶极辐射的方式回到基态，但它们可以通过碰撞过程及更复杂的过程回到基态，其寿命达到 10^{-3}s，远高于一般激发态平均 10^{-8}s 的寿命。不能以辐射过程跃迁到较低能级的状态称为亚稳态。亚稳态的这种特点在受激激发机制中具有重要的作用。

二、ⅡA 族及ⅡB 族元素的光谱

ⅡA 族元素即碱土金属元素，包括 Be、Mg、Ca、Sr、Ba、Ra。ⅡB 族元素为 Zn、Cd 和 Hg。它们都是多电子原子，内层电子构成了闭合壳层，两个外层电子是在原子实提供的场中运动。显然，ⅡA 族及ⅡB 族元素比氦原子复杂。但从基础结构入手，可以给出该类原子的光谱特征，分析如下。

（1）基态电子组态和基态光谱项。ⅡA 族及ⅡB 族元素的基态电子组态分别为 Be(4)$2s^2$、Mg(12)$3s^2$、Ca(20)$4s^2$、Sr(38)$5s^2$、Ba(56)$6s^2$、Zn(30)$4s^2$、Cd(48)$5s^2$、Hg(80)$6s^2$。基态电子组态可简写为 ns^2，对应的基态光谱项为 n^1S_0。

（2）电离能相差不大。各元素的电离能如下：Zn 9.391eV、Cd 8.991eV、Hg 10.434eV、Be 9.320eV、Mg 7.649eV、Ca 6.11eV、Sr 5.692eV、Ba 5.210eV。

（3）第一激发态电子组态都为 $nsnp$，第一激发态为^3P（正常的单电子激发情况下）。

（4）能级结构。正常激发态电子组态由 $nsn'p$、$nsn'd$、$nsn'f$ 构成，n 由具体的原子结构决定，随着 n'的增加形成了原子能级分布。

（5）光谱结构。与氦原子的光谱结构相同，ⅡA 族及ⅡB 族元素有 8 个谱线系，即单重线和三重线各四个线系。在这些光谱中，把 $n^1P_1\to n^1S_0$ 跃迁定义为共振线，把 $n^3P_1\to n^1S_0$ 跃迁定义为互组合线，其共振线和互组合线如表 3-3 所示。

表 3-3　碱土金属原子的共振线、互组合线

元素	原子序数 Z	主量子数 n	共振线/nm	互组合线/nm
			$n^1P_1 \to n^1S_0$	$n^3P_1 \to n^1S_0$
Be	4	2	234.861	—
Mg	12	3	285.213	457.115
Ca	20	4	422.673	657.278
Sr	38	5	460.733	689.259
Ba	56	6	553.548	791.134
Zn	30	4	213.856	307.590
Cd	48	5	228.80	326.105
Hg	80	6	184.950	253.652

互组合线不符合偶极跃迁选择定则 $\Delta S=0$ 的条件，并不说明偶极辐射定则有误，而是因为在计算偶极辐射 $|\boldsymbol{P}_{nm}|\neq 0$ 时，描述电子运动状态的波函数存在近似。一般情况下，描述电子运动状态的波函数分为空间和自旋两部分，可表达为 $\Phi(\boldsymbol{r},\chi_z)=\psi(\boldsymbol{r})\chi(s_z)$。实际上，在解决自旋问题时采用了 $\psi(\boldsymbol{r})$，为近似波函数，而不是以 $\Phi(\boldsymbol{r},\chi_z)$ 为波函数，是因为此时仅考虑电子自旋对能量的影响，而没有考虑电子自旋对状态波函数的影响。如果全面考虑则需要以 $\Phi(\boldsymbol{r},\chi_z)$ 为波函数，这时选择定则 $|\boldsymbol{P}_{nm}|=\langle n\chi_z|-e\boldsymbol{r}|n\chi_z\rangle\neq 0$ 的解就不是 $\Delta S=0$，$\Delta S\neq 0$ 也能满足。从矢量模型上讲，这是由于 LS 耦合很强导致了空间波函数和自旋波函数有关联。实验证实，当 Z 增大时，原子中会出现很强的互组合线。

(6) Hg 原子光谱。在实际中，特别是在光学、分析技术领域常用到 Hg 灯，在研究领域也常将 Hg 灯作为紫外激发源来进行其他相关研究，因此在此单独讨论 Hg 原子。

Hg 原子在可见区的光谱为锐线系的第一条谱线 $\tilde{\nu}_{锐}=6^3P-7^3S$、共振线和互组合线。其中的 $\tilde{\nu}_{锐}=6^3P-7^3S$ 是三重线，波长分别为 404.7nm（$\tilde{\nu}=6^3P_0-7^3S_1$，紫色）、435.8nm（$\tilde{\nu}=6^3P_1-7^3S_1$，蓝色）和 546.1nm（$\tilde{\nu}=6^3P_2-7^3S_1$，绿色）。共振线的波长为 579.06nm（$\tilde{\nu}=6^1P_1-6^1D_2$），互组合线的波长为 578.966nm（$\tilde{\nu}=6^1P_1-6^3D_1$）和 576.96nm（$\tilde{\nu}=6^1P_1-6^3D_2$）。

从上述分析可看出，Hg 的三重线的间隔很大，以上讨论都是正常光谱项、正常光谱结构。

习　题

3-1　下列电子组态中，属于非同科电子组态的有（　　）。

A. d^2　　B. pp　　C. p^2　　D. pd

3-2　简述镁原子谱线系的名称，并写出其单重态的各谱线系表达式。

3-3　请给出硅原子的三重态主线系第一条谱线的表达式，画出其精细结构的能级跃迁图。

3-4　碳原子为元素周期表中的第二周期第ⅣA族元素。试解答以下问题：

（1）写出该原子的基态电子组态；

（2）确定该原子的基态电子组态所对应的光谱项，指出其基态光谱项；

（3）计算上述各光谱项对应的附加能量，并画出能级结构图。

3-5　确定pp电子组态 *jj* 耦合下的光谱项，计算光谱项的附加能量。

第四章　多价电子的原子及其光谱

具有多个价电子的原子光谱也称复杂光谱，本章主要介绍处理多价电子原子光谱的基本方法，多价电子原子光谱项的确定，基态谱项的确定及光谱结构和规律。

第一节　有心力场近似

一、有心力场近似理论

在第一、二章中，我们已经应用过有心力场的结论，本节具体介绍该理论。在有心力场中，每个电子所处势场都与径向有关，则其中第 i 个电子的势能函数为 $U(r_i)$。当只考虑静电相互作用而不考虑自旋及其他相互作用时，单价电子体系的哈密顿量为

$$\hat{H}=-\frac{\hbar^2}{2\mu}\nabla^2+U(r) \tag{4-1}$$

$$\mu=\frac{m_e M}{m_e+M}$$

对多价电子原子，如果每一个电子彼此独立，此时每一个电子所处的场都是球对称场 $U(r_i)$，其哈密顿量为

$$\hat{H}=\sum_i\left[-\frac{\hbar^2}{2\mu}\nabla_i^2+U(r)\right] \tag{4-2}$$

当考虑到电子间静电相互作用时，哈密顿量为

$$\hat{H}=-\frac{\hbar^2}{2\mu}\sum_i\nabla_i^2+\sum_i\left(-\frac{1}{4\pi\varepsilon_0}\times\frac{Ze^2}{r_i}+\sum_{i<j}\frac{1}{4\pi\varepsilon_0}\times\frac{e^2}{r_{ij}}\right) \tag{4-3}$$

由于第 i 个电子与第 j 个电子的相互作用能和第 j 个电子与第 i 个电子的相互作用能是同一个相互作用能，所以求和时需注意满足条件 $i<j$。

如果对式(4-3) 进行变换，令 $\hat{H}=\hat{H}_0+\hat{H}_e$，有

$$\hat{H}_0=-\frac{\hbar^2}{2\mu}\sum_i\nabla_i^2+\sum_i U(r_i)$$

$$\hat{H}_e=\sum_i\left[-\frac{1}{4\pi\varepsilon_0}\times\frac{Ze^2}{r_i}+\sum_{i<j}\frac{1}{4\pi\varepsilon_0}\times\frac{e^2}{r_{ij}}-U(r_i)\right]$$

从变换可看出，假设 $\hat{H}_e$ 很小可视为微扰，则认为 $\hat{H}_0$ 是有心力场下的哈密顿量。这种

假设在实际操作中是可以实现的，例如：

（1）当第 i 个电子在最外层运动时，r_i 比其他的径向 r_j 都大，其他电子对第 i 个电子产生的电场可近似为在原子核处（$Z-1$）个负电荷所产生的电场，即

$$\frac{1}{4\pi\varepsilon_0}\sum_{i<j}\frac{e^2}{r_{ij}} \rightarrow \frac{1}{4\pi\varepsilon_0}\times\frac{(Z-1)e^2}{r_i}$$

此时，第 i 个电子的位能可表达为

$$-\frac{1}{4\pi\varepsilon_0}\times\frac{Ze^2}{r_i}+\frac{1}{4\pi\varepsilon_0}\times\frac{(Z-1)e^2}{r_i}-U(r_i)$$

$$=-\frac{1}{4\pi\varepsilon_0}\times\frac{e^2}{r}-U(r_i)$$

$$=\hat{H}'$$

这时只要选择
$$U(r_i)=-\frac{1}{4\pi\varepsilon_0}\times\frac{e^2}{r}$$
即可使得 H'很小。

（2）当第 i 个电子在最内层运动时，其他所有电子对第 i 个电子产生的电场近似为一个带电壳里的电场，即

$$\sum_{i<j}\frac{1}{4\pi\varepsilon_0}\times\frac{e^2}{r_{ij}}=\text{常数}$$

这时只要选择
$$U(r_i)=-\frac{1}{4\pi\varepsilon_0}\times\frac{Ze^2}{r}+\text{常数}$$
就可使 $\hat{H}'$很小。

综上所述，通过适当选择，可以使 $\hat{H}'$很小，从而采用量子力学的微扰论进行处理。

在零级近似下，得到体系波函数为 $\Phi=\prod_{i=1}\psi_i$，其中 ψ_i 满足

$$\hat{H}_{0i}\psi_i=E_i\psi_i$$

式中

$$\hat{H}_{0i}=-\frac{\hbar}{2\mu}\nabla^2+U(r_i)$$

$$U(r_i)=-\frac{1}{4\pi\varepsilon_0}\times\frac{Z^*e^2}{r_i}$$

有心力场中，$U(r_i)$的形式不是库仑势，而是一个有心力场势，此时 E_i 不仅与 n 有关，也与 l 有关。

二、有心力场修正

在实际中问题相当复杂，除静电相互作用、自旋-轨道耦合相互作用外，还有核自旋、核大小及相对论效应。如果把提及的相互作用都计算在 $\hat{H}$ 内，其薛定谔方程式 $\hat{H}\psi=E\psi$ 是无法求解的，借助处理单电子体系方法处理多电子原子光谱的方法如下：

忽略核自旋，将核看作点电荷，忽略相对论效应的影响，而且 $\sum_{i<j}\frac{1}{4\pi\varepsilon_0}\times\frac{e^2}{r_{ij}}$ 只作用于价电子时，会引起这个组态的简并态消除，对闭合壳层求和时 $\hat{H}_{\boldsymbol{l}\cdot\boldsymbol{s}}$ 恒等于0，这样得到两种情况：

第一种情况，以静电相互作用为主，即

$$\hat{H}_{\mathrm{e}}=\sum_{i=1}^{n}\left[-\frac{1}{4\pi\varepsilon_0}\times\frac{Z^{*}e^{2}}{r_i}+\frac{1}{4\pi\varepsilon_0}\sum_{i>j}^{n}\frac{e^{2}}{r_{ij}}-U(\vec{r}_i)\right]>\hat{H}_{\boldsymbol{l}\cdot\boldsymbol{s}}$$

此时哈密顿量为 $\hat{H}=\hat{H}_0+\hat{H}_{\mathrm{e}}$，求解后再对 $\hat{H}_{\boldsymbol{l}\cdot\boldsymbol{s}}$ 进行修正，即 LS 耦合。

第二种情况，以自旋-轨道相互作用为主，即 $\hat{H}_{l\cdot s}>\hat{H}_{\mathrm{e}}$，取哈密顿量为 $\hat{H}=\hat{H}_0+\hat{H}_{\boldsymbol{l}\cdot\boldsymbol{s}}$ 进行求解，然后对 $\hat{H}_{\mathrm{e}}$ 进行修正，即 jj 耦合。

综上所述，一般多电子原子的零级近似哈密顿量为

$$\hat{H}_0=\sum_{i=1}^{n}\left[-\frac{\hbar^2}{2\mu}\nabla_i^2+U(r_i)\right]$$

一级近似下为

$$\begin{aligned}\hat{H}&=\hat{H}_0+\hat{H}_{\mathrm{e}}+\hat{H}_{\boldsymbol{l}\cdot\boldsymbol{s}}\\&=\sum_{i=1}^{n}\left[-\frac{\hbar^2}{2\mu}\nabla_i^2+U(r_i)\right]+\sum_{i=1}^{n}\left[-\frac{1}{4\pi\varepsilon_0}\times\frac{Z^{*}e^{2}}{r_i}+\frac{1}{4\pi\varepsilon_0}\sum_{i<j}^{n}\frac{e^{2}}{r_{ij}}-U(r_i)\right]\\&\quad+\sum_{i=1}^{n}\frac{1}{2m^2c^2r_i}\times\frac{\partial U_i}{\partial r_i}\boldsymbol{l}_i\cdot\boldsymbol{s}_i\end{aligned}$$

零级近似的薛定谔方程为 $\hat{H}_0\psi=E_0\psi$，其中每个电子的波函数由 $\hat{H}_{0i}\psi_i=E_i\psi_i$ 得出，这里 $U(r_i)$ 的形式不是库仑势，E_i 的能量由 nl 决定，其大小与 $U(r_i)$ 形式有关。

第二节　复杂原子的矢量模型及其光谱项规律

一、分支定则

对于多价电子原子态的确定，两个价电子矢量模型确定其光谱项的方法仍有效。假设单价电子加上一个电子变为两个价电子，就像两个价电子矢量耦合一样，将所得到的光谱项称为母项。同理，再加上一个电子，即将母项与电子进行矢量耦合，一直耦合下去，直到最后一个电子获得原子态，这种方法称为分支定则。

下面以 spp 电子组态为例，确定其在 LS 和 jj 耦合下的光谱项。

spp 电子组态中各电子的轨道量子数和自旋量子数分别为

$$l_1=0,l_2=1,l_3=1$$

$$s_1=\frac{1}{2},s_2=\frac{1}{2},s_3=\frac{1}{2}$$

其组态在 LS 耦合下的总轨道角动量和总自旋角动量可通过下面的分支定则求得：

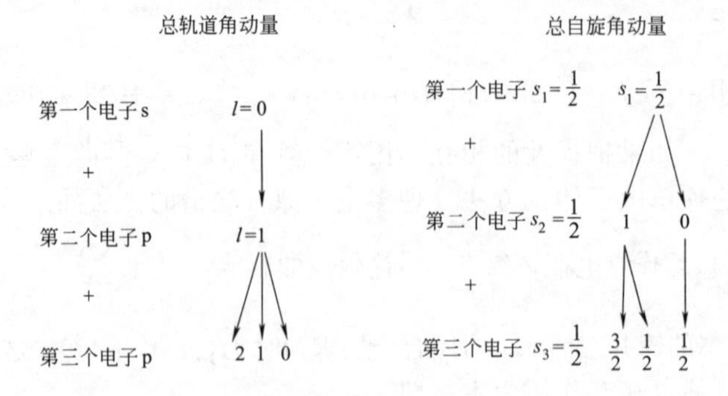

从而获得 LS 耦合的光谱项为

$$^2S_{\frac{1}{2}}(2),\ ^2P_{\frac{1}{2},\frac{3}{2}}(2),\ ^2D_{\frac{3}{2},\frac{5}{2}}(2),\ ^4S_{\frac{3}{2}},\ ^4P_{\frac{1}{2},\frac{3}{2},\frac{5}{2}} \text{和} ^4D_{\frac{1}{2},\frac{3}{2},\frac{5}{2},\frac{7}{2}}$$

上面的轨道角动量和自旋角动量的分支图还可以合并为一个分支图，具体如下：

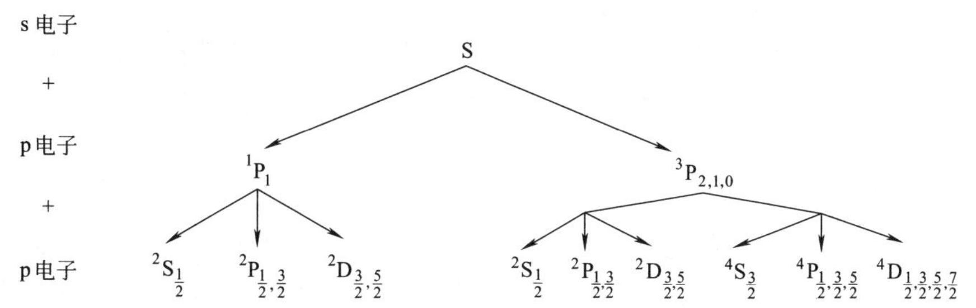

可以看出，spp 组态的两组双重项来源于不同的母项，虽然它们的符号相同，但是对应的能量并不相同，不是同一个能级。括号内的数字代表相同的光谱项符号数目，这些光谱项只是符号相同，对应的能量并不相同。

具有 n 个价电子的原子在 jj 耦合下的光谱项可表示为 $(j_1,j_2,j_3,\cdots,j_n)_J$ 或 $(J_p,j_n)_J$，其中 J_p 是前 $(n-1)$ 个电子的总角动量量子数。

接下来求 spp 电子组态在 jj 耦合下的光谱项。各电子的量子数分别为

$$l_1=0;s_1=0;j_1=\frac{1}{2}$$

$$l_2=1;s_2=\frac{1}{2};j_2=\frac{1}{2},\frac{3}{2}$$

$$l_3=1;s_3=\frac{1}{2};j_3=\frac{1}{2},\frac{3}{2}$$

通过下面的分支定则

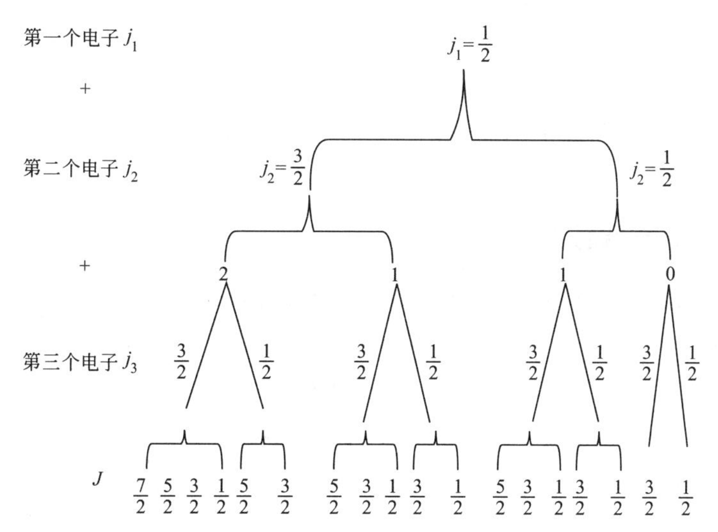

可以得到 spp 电子组态的光谱项 $(J_p,j_n)_J$ 为

$$\left(1,\frac{1}{2}\right)_{\frac{3}{2},\frac{1}{2}},\left(1,\frac{3}{2}\right)_{\frac{5}{2},\frac{3}{2},\frac{1}{2}},\left(0,\frac{1}{2}\right)_{\frac{1}{2}},\left(0,\frac{3}{2}\right)_{\frac{3}{2}},\left(2,\frac{1}{2}\right)_{\frac{5}{2},\frac{3}{2}},$$

$$\left(2,\frac{3}{2}\right)_{\frac{7}{2},\frac{5}{2},\frac{3}{2},\frac{1}{2}},\left(1,\frac{1}{2}\right)_{\frac{3}{2},\frac{1}{2}},\left(1,\frac{3}{2}\right)_{\frac{5}{2},\frac{3}{2},\frac{1}{2}}$$

由此可看出，分支定则方法方便，不易漏掉某些光谱项。

非同科电子组态按照上面的分支定则可以求出所有的光谱项。同科电子组态则需要在此基础上进一步除去不符合泡利不相容原理的光谱项，具体方法比较复杂，表 4-1 直接给出了同科电子组态在 LS 耦合下的光谱项。

多价电子原子的电子组态中常出现混合组态，即在电子组态中既有同科电子组态也有非同科电子组态，例如 p^2d 电子组态。下面以 LS 耦合为例，利用分离法求解该组态的光谱项 ${}^{2S+1}L_J$。

先将 p^2 的光谱项 ${}^1S$、${}^1D$、${}^3P$ 分别视为一个等效电子，即将 ${}^1S$ 视为 $s=0$，$l=0$ 的电子，将 ${}^1D$ 视为 $s=0$，$l=2$ 的电子，将 ${}^3P$ 视为 $s=1$，$l=1$ 的电子。再将它们与第三个电子 d 组合成新的电子组态，即 ${}^1Sd$、${}^1Dd$ 和 ${}^3Pd$ 组态，之后分别求出这些新组态的光谱项。

对 ${}^1Sd$ 组态，由

$$s_1=0, l_1=0, s_2=\frac{1}{2}, l_2=2, S=\frac{1}{2}, L=2$$

可以确定其光谱项为 ${}^2D$。

对 ${}^1Dd$ 组态，由

$$s_1=0; l_1=2; s_2=\frac{1}{2}; l_2=2; S=\frac{1}{2}; L=4,3,2,1,0$$

可以确定其光谱项为 ${}^2S$、${}^2P$、${}^2D$、${}^2F$、${}^2G$。

对 ${}^3Pd$ 组态，由

$$s_1=1; l_1=1; s_2=\frac{1}{2}; l_2=2; S=\frac{3}{2},\frac{1}{2}; L=3,2,1$$

可以确定其光谱项为 ${}^2P$、${}^2D$、${}^2F$、${}^4P$、${}^4D$、${}^4F$。

所以，p^2d 电子组态的光谱项为

$${}^4P_{\frac{1}{2},\frac{3}{2},\frac{5}{2}}, {}^4D_{\frac{1}{2},\frac{3}{2},\frac{5}{2},\frac{7}{2}}, {}^4F_{\frac{3}{2},\frac{5}{2},\frac{7}{2},\frac{9}{2}}, {}^2S_{\frac{1}{2}}, {}^2P_{\frac{1}{2},\frac{3}{2}}(2), {}^2D_{\frac{3}{2},\frac{5}{2}}(2), {}^2F_{\frac{5}{2},\frac{7}{2}}(2), {}^2G_{\frac{7}{2},\frac{9}{2}}$$

可以看出，多价电子原子的电子组态中光谱项数目较多，一般情况也可以只给出 ${}^{2S+1}L$。

二、多重项的奇数与偶数交替规律

在 LS 耦合中，光谱项的多重项由（$2S+1$）决定。当 nl 一定时，考虑电子自旋状态，能级分裂为（$2S+1$）个（当 $L>S$ 时），以量子数 J 标注。从前面的讨论结果可看出，价电子数为奇数时，光谱项的重态为偶数；反之，价电子数为偶数时，光谱项的重态为奇数。

三、郎德间隔规则

在双价电子原子体系的 LS 耦合中已经证明，自旋与轨道相互作用能为 $\overline{\Gamma}_3+\overline{\Gamma}_4=\frac{A}{2}(J^{*2}-L^{*2}-S^{*2})$，多重精细结构的相邻能级间隔为 $\Delta T=AJ$，J 值为两能级中较大的值，这个结论可叙述如下：同一光谱项相邻两不同 J 值的能级间隔与较大的 J 值成正比，这就是郎德间隔规则，该规则也适用于多个电子的情况。

表 4-1　同科电子组态在 *LS* 耦合下的光谱项

组态	光谱项
s^2	^{1}S
p、p^5	^{2}P
p^2、p^4	$^{1}S\ ^{1}D$　　^{3}P
p^3	$^{2}P\ ^{2}D$
d、d^9	^{2}D
d^2、d^8	$^{1}S\ ^{1}D\ ^{1}G$　　$^{3}P\ ^{3}F$
d^3、d^7	$^{2}P\ ^{2}D(2)\ ^{2}F\ ^{2}G\ ^{2}H$　　$^{4}P\ ^{4}F$
d^4、d^6	$^{1}S(2)\ ^{1}D(2)\ ^{1}F\ ^{1}G(2)\ ^{1}I$　　$^{3}P(2)\ ^{3}D\ ^{3}F(2)\ ^{3}G\ ^{3}H$　　^{5}D
d^5	$^{2}S\ ^{2}P\ ^{2}D(3)\ ^{2}F(2)\ ^{2}G(2)\ ^{2}H\ ^{2}I$　　$^{4}P\ ^{4}D\ ^{4}F\ ^{4}G$
f、f^{13}	^{2}F
f^2、f^{12}	$^{1}S\ ^{1}D\ ^{1}G\ ^{1}I$　　$^{3}P\ ^{3}F\ ^{3}H$
f^3、f^{11}	$^{2}P\ ^{2}D(2)\ ^{2}F(2)\ ^{2}G(2)\ ^{2}H(2)\ ^{2}I\ ^{2}K\ ^{2}L$　　$^{4}S\ ^{4}D\ ^{4}F\ ^{4}G\ ^{4}I$
f^4、f^{10}	$^{1}S(2)\ ^{1}D(4)\ ^{1}F\ ^{1}G(4)\ ^{1}H(2)\ ^{1}I(3)\ ^{1}K\ ^{1}L(2)\ ^{1}N$　　$^{3}P(3)\ ^{3}D(2)\ ^{3}F(4)\ ^{3}G(3)\ ^{3}H(4)\ ^{3}I(2)\ ^{3}K(2)\ ^{3}L\ ^{3}M$　　$^{5}S\ ^{5}D\ ^{5}F\ ^{5}G\ ^{5}I$
f^5、f^9	$^{2}P(4)\ ^{2}D(5)\ ^{2}F(7)\ ^{2}G(6)\ ^{2}H(7)\ ^{2}I(5)\ ^{2}K(5)\ ^{2}L(3)\ ^{2}M(2)\ ^{2}N\ ^{2}O$　　$^{4}S\ ^{4}P(2)\ ^{4}D(3)\ ^{4}F(4)\ ^{4}G(4)\ ^{4}H(3)\ ^{4}I(3)\ ^{4}K(2)\ ^{4}L\ ^{4}M$ $^{6}P\ ^{6}F\ ^{6}H$
f^6、f^8	$^{1}S(4)\ ^{1}P\ ^{1}D(6)\ ^{1}F(4)\ ^{1}G(8)\ ^{1}H(4)\ ^{1}I(7)\ ^{1}K(3)\ ^{1}L(4)\ ^{1}M(2)\ ^{1}N(2)\ ^{1}O$　　$^{3}P(6)\ ^{3}D(5)\ ^{3}F(9)\ ^{3}G(7)\ ^{3}H(9)\ ^{3}I(6)\ ^{3}K(6)\ ^{3}L(3)\ ^{3}M(3)\ ^{3}N\ ^{3}O$ $^{5}S\ ^{5}P\ ^{5}D(3)\ ^{5}F(2)\ ^{5}G(3)\ ^{5}H(2)\ ^{5}I(2)\ ^{5}K\ ^{5}L$　　^{7}F
f^7	$^{2}S(2)\ ^{2}P(5)\ ^{2}D(7)\ ^{2}F(10)\ ^{2}G(10)\ ^{2}H(9)\ ^{2}I(9)\ ^{2}K(7)\ ^{2}L(5)\ ^{2}M(4)\ ^{2}N(2)\ ^{2}O$　　$^{4}S(2)\ ^{4}P(2)\ ^{4}D(6)\ ^{4}F(5)\ ^{4}G(7)\ ^{4}H(5)\ ^{4}I(5)\ ^{4}K(3)\ ^{4}L(3)\ ^{4}M\ ^{4}N$ $^{6}P\ ^{6}D\ ^{6}F\ ^{6}G\ ^{6}H\ ^{6}I$　　^{8}S

注：表中括号里的数字表示该类光谱项的个数。

四、洪特定则

在 LS 耦合确定的光谱项中，其能级高低排列存在一定的规律。该规律是由洪特首先发现的，称为洪特定则。其具体内容如下：(1) 给定的电子组态耦合成的所有光谱项中，S 最大的光谱项能级最低；S 最大的光谱项中有不同的 L 时，L 最大的能级最低。(2) 当原子中价电子数等于或超过半满填充时，光谱项精细结构中 J 越大能级越低；当价电子数少于半满填充时，J 越小能级越低，但也有例外。

五、基态光谱项的确定

(1) 利用 LS 耦合方法确定基态电子组态的所有光谱项，然后利用洪特定则选择最低能量状态的光谱项，即选择 S 最大的光谱项中 L 最大的光谱项，再根据电子数目确定 J 值。例如，C 原子的电子排布 $1s^2 2s^2 2p^2$ 中，基态电子组态为 $2p^2$，对应的光谱项为 $^1S_0$、$^1D_2$ 和 $^3P_{2,1,0}$，利用洪特定则可确定其基态为 $^3P_0$。

(2) 如果给出的基态电子组态相对较复杂，利用 LS 耦合确定其基态较为困难时，可采用由洪特定则得到的顺序填充法来确定其基态光谱项。例如确定 Nb (41) $5s4d^4$ 的基态光谱项。

规定↑代表 $m_s=1/2$，↓代表 $m_s=-1/2$，按照电子 m_l 的排布顺序将↑↓填入表 4-2 中，对 m_l 求和得到 $M_L=\sum m_l$，则基态的 $L=|M_L|$，同样对 m_s 求和得到 $M_S=\sum m_s$，则基态的 $S=|M_S|$。最后通过 $M_J=M_L+M_S$，$J=|M_J|$ 获得基态的 J 值。

表 4-2 Nb(41) $5s4d^4$ 的基态光谱项确定

m_l	-2	-1	0	1	2	$\sum m_l$	$\sum m_s$	M_J
5s			↑			-2	$\frac{5}{2}$	$\frac{1}{2}$
$4d^4$	↑	↑	↑	↑				

将 $5s4d^4$ 组态的电子依次填入表 4-2，可以求得其基态光谱项为 $^6D_{1/2}$。

第三节 多价电子的原子态能量及光谱

一、多价电子的原子态能量

上节中利用 LS 耦合和 jj 耦合模型计算了双价电子体系中的原子态光谱能量，但是多价电子的原子态光谱能量计算十分复杂，具体计算需要参考专著，一般忽略 $\hat{H}_{l,s}$ 而求解一级近似哈密顿量 $\hat{H}=\hat{H}_0+\hat{H}_e$，即

$$\begin{aligned}\hat{H}&=\hat{H}_0+\hat{H}_e\\&=\sum\left(-\frac{\hbar^2}{2m}\nabla_i^2-\frac{1}{4\pi\varepsilon_0}\times\frac{Z^*e^2}{r_1}\right)+\sum_{i>j}\frac{1}{4\pi\varepsilon_0}\times\frac{e^2}{r_{ij}}\\&=\sum\hat{f}_i+\sum_{i>j}\hat{g}_{ij}\end{aligned}$$

$$=\hat{F}+\hat{G}$$

经过推算，$\hat{G}$ 的矩阵元表达式为

$$\left\langle A \left| \frac{1}{4\pi\varepsilon_0}\times\frac{e^2}{r_{ij}} \right| A \right\rangle=\sum_{i>j}^{n}[J(i,j)-K(i,j)]$$

式中 $$A=\psi(A)=u_1(q_1)u_2(q_2)\cdots u_n(q_n)$$

在计算过程中利用对角和定则，最后得到其能量。

二、惰性气体的原子光谱

惰性气体原子有 He、Ne、Ar、Kr、Xe、Rn。其中 Rn 不稳定，不是自然界中存在的元素。除了氦之外，其他惰性气体原子的基态电子组态均为 np^6，基态光谱项为 $n\,^1S_0$，激发态电子组态为 $np^5n'l$。当一个电子被激发到高能态后，闭壳层中未被激发的电子间的相互作用比被激发电子与闭壳层中电子的相互作用强得多，所以 $np^5n'l$ 既不属于 LS 耦合，也不属于 jj 耦合，而属于一种 JK 耦合形式——拉卡耦合。

具体矢量模型如下：

① 原子实中 5 个 p 电子的 $\boldsymbol{l}_i$ 和 $\boldsymbol{s}_i$ 分别耦合，形成原子实的轨道角动量 $\boldsymbol{L}_c$ 和自旋角动量 $\boldsymbol{S}_c$，进一步耦合成原子实的总角动量 $\boldsymbol{J}_c$，$\boldsymbol{J}_c=\boldsymbol{L}_c+\boldsymbol{S}_c$。

② 激发电子轨道角动量 $\boldsymbol{l}$ 与 $\boldsymbol{J}_c$ 耦合成角动量 $\boldsymbol{K}$，$\boldsymbol{K}=\boldsymbol{J}_c+\boldsymbol{l}$。

③ 激发电子自旋角动量 $\boldsymbol{s}$ 与 $\boldsymbol{K}$ 耦合成原子的总角动量 $\boldsymbol{J}$，$\boldsymbol{J}=\boldsymbol{K}+\boldsymbol{s}$。

JK 耦合的光谱项符号用 $^{2S_c+1}L_{cJ_c}(l)^{(1)}\,[K]^{\circ}_J$ 表示，其中，第一部分与 $^{2S+1}L_J$ 类似；第二部分激发电子轨道角动量 $\boldsymbol{l}$ 的上标“1”表示 $\boldsymbol{L}_c$ 与 $\boldsymbol{S}_c$ 反平行，若平行则不标记；第三部分的上标“°”代表奇偶态。一般可将 JK 耦合光谱项简便表示为（l，k，J）。此外，还有其他表示方式，例如帕刑符号等，这里不再叙述。

三、卤族元素的原子光谱

卤族元素有 F、Cl、Br、I，其基态电子组态为 ns^2np^5，基态光谱项为 $n\,^2P_{3/2}$，激发电子组态为 $np^4n'l$。卤族元素的光谱项和能级结构相当复杂，例如电子组态 p^4p 的光谱项为 ^4S、^4P、^4D、^2S、$^2P(3)$、^2D（2）、^2F；电子组态 p^4d 的光谱项为 ^2S、$^2P(2)$、$^2D(3)$、^2F(2)、^2G、^4P、^4D、^4F，可看出其能级相当复杂。表 4-3 为实验测量到的 $^4P_{\frac{5}{2},\frac{3}{2},\frac{1}{2}}$ 和 $^2P_{\frac{3}{2},\frac{1}{2}}$ 能量间隔变化，反映了从 F 到 I 的耦合形式是由 LS 耦合到 jj 耦合变化的。

表 4-3　卤族元素的 $^4P_{\frac{5}{2},\frac{3}{2},\frac{1}{2}}$ 和 $^2P_{\frac{3}{2},\frac{1}{2}}$ 能量间隔　　单位：m^{-1}

元素光谱项	F	Cl	Br	I
$^4P_{\frac{5}{2}}\rightarrow{}^4P_{\frac{3}{2}}$	27500	53000	147100	145900
$^4P_{\frac{3}{2}}\rightarrow{}^4P_{\frac{1}{2}}$	16000	33800	197700	480300
$^4P_{\frac{1}{2}}\rightarrow{}^2P_{\frac{3}{2}}$	189100	139900	30000	92400
$^2P_{\frac{3}{2}}\rightarrow{}^2P_{\frac{1}{2}}$	32500	64000	178700	453000

四、稀土元素的原子光谱

一般把元素周期表中镧系［$Z=57$(La)～71(Lu)］和锕系［$Z=89$(Ac)～103(Lr)］元素称为稀土元素。因为锕系元素都是不稳定元素，国际上（1978年）正式将镧系元素和Sc($Z=21$)、Y($Z=39$)统称为稀土元素。除Sc和Y外，镧系都含未满壳层f电子，其光谱和能级也很相似。这些年来对稀土元素的研究使得人们在理论上对稀土化合物有了进一步的了解，并在现代技术中广泛应用。

1. 稀土元素的能级结构

镧系元素原子基态电子组态分为［Xe］$4f^n$和［Xe］$4f^{n-1}5d^1 6s^2$两种类型，其中［Xe］为Xe的基态电子组态，即它们的原子实与Xe相同，一般忽略［Xe］。与其他具有相同数目nd、np、ns价电子的原子相比，稀土元素有更多的光谱项数，例如Lu^{3+}含有f^n和f^{14-n}的光谱项数，这里仅给出两种情况以说明复杂性见表4-4。

表4-4　稀土元素的光谱项数

项目		光谱项数	J值	状态数
f^4、f^{10}	Pm^{3+}、$H_O{}^{3+}$	47	107	1001
f^5、f^9	Sm^{3+}、Dy^{3+}	73	198	2001
f^6、f^8	Eu^{3+}、Tb^{3+}	119	295	3003
f^7	Gd^{3+}	119	327	3432

稀土元素的能级不是严格的LS耦合，但仍为很好的近似。

2. 稀土元素光谱

稀土元素由于具有未填满4f壳层，以及存在4f电子之外$5s^2 5p^2$的电子屏蔽作用，使其具有非常丰富和复杂的线状光谱，比其他元素复杂得多。因此，稀土元素成为连接原子光谱与固体光谱的重要桥梁，在荧光光谱和固体光谱中占有重要地位。由于稀土元素中存在较强的自旋与轨道耦合作用，$\Delta S=0$不是很严格，ΔJ有可能大于1甚至到6。同时稀土离子能级复杂，导致光谱结构分析困难，然而稀土元素与荧光材料和激光材料密切相关。

在荧光材料中，稀土离子既可作为基质的组成部分，也可作为激活离子。例如Y^{3+}、Lu^{3+}、La^{3+}可作为基质的组成部分，因为它们对可见-紫外光无吸收，而Eu^{3+}、Tb^{3+}等离子具有较强的荧光性能，可作激活离子，是荧光材料的主要成分。

从1961年稀土离子Sm^{3+}、Nd^{3+}先后被用于激光材料后，人们对稀土离子作为激光材料进行了广泛的研究，发现了多个二价稀土离子和三价稀土离子可作为激光材料，例如Nd^{3+}钇铅硅宝石激光器。目前，稀土离子作为激光工作物质产生激光辐射的波长覆盖范围为4.489nm～3μm。

第四节　双电子激发、内电子激发和自电离

前面所讨论的问题都是不论原子中存在几个外层电子，仅有单个电子激发所产生的光谱现象，这是在通常条件下研究光谱时所观察到的光谱现象。然而在实验中，观测碱土金属和类碱离子光谱时发现，一些多重线不能列入正常的三重线系里，而且与正常的复三重线的结

构不相同，本节重点介绍这些光谱现象。

一、双电子激发

通常将单电子激发时所得到的光谱项称为正常光谱项。例如 Ca 原子的基态电子组态为 $4s^2$，正常光谱项由 $4snl$ 构成，即单电子可能激发到 ns、np、nd 和 nf 等轨道，当 $n\to\infty$时 Ca 原子的电离称为一次电离。当 Ca 原子 $4s^2$ 组态的两个电子同时被激发（如 $3dnl$、$4pnl$ 等组态）时得到的一系列光谱项，称为反常光谱项或位移光谱项。为了与正常光谱项区别，反常光谱项用符号$^{2S+1}L'_J$ 表示。

在单电子激发中，当 $4snl$ 组态中的$n\to\infty$时，Ca 电离成为 Ca^+。Ca^+ 的基态光谱项为 $^2S_{1/2}$，称为 Ca 原子的第一电离极限。Ca^+ 的光谱项称为 CaⅡ谱项。若两个电子被激发，第二个电子被激发到 3d 轨道时，Ca 原子的电子组态为 $3dnl$。当 $n\to\infty$时，Ca 原子电离成 Ca^+，此时 CaⅡ光谱项的基态为 $3^2D_{\frac{5}{2},\frac{3}{2}}$。这两个能级高于第一电离极限，称为第二电离极限。当双电子激发组态为 $4pns$，$n\to\infty$时，电离成的 Ca^+ 的基态光谱项为 $4P_{\frac{3}{2},\frac{1}{2}}$。这两个能级比第二电离极限高，称为第三电离极限。依次类推，在中性原子的电离极限上存在一系列分立的能级，它们对应于原子的位移光谱项，这些位移光谱项在电离极限上是一系列正能级，有时称为反常光谱项。从单电子激发光谱项和双电子激发光谱项可看出，能级的复杂程度和谱线的复杂性相一致。图 4-1 给出 Ca 原子正常光谱项和反常光谱项的能级分布情况。反常光谱项中电子跃迁的选择定则为 $\Delta L=0$，±1。例如 Ca 原子位移光谱项中 $pp\,^3P'\to sp\,^3P$ 的跃迁。实际中，正常光谱项和位移光谱项的存在使元素的光谱更加复杂。

二、内电子激发

当原子中最外层的单价电子跃迁到较高的轨道上时，产生正常光谱项；当原子外层的两个电子跃迁到较高的轨道上时，产生位移光谱项。另外，当原子中最外面闭壳层的一个电子（称为内电子）跃迁到较高的轨道上时，所产生的光谱项的能量要比正常原子电离极限高，这种光谱项记为 I^b。与此对应，中性原子的光谱项记作Ⅰ。下面以图 4-2 所示的 Zn 原子为例，介绍光谱中 I^b 光谱项的产生。

Zn 的基态电子组态为 $3d^{10}4s^2$，当 $4s^2$ 中的一个电子被激发到较高轨道上时，产生的光谱项为正常光谱项；当 $4s^2$ 中的两个电子都被激发到较高轨道上时，产生的是位移光谱项；当最外闭壳层 $3d^{10}$ 轨道上的一个电子被激发到较高的轨道上时，将产生I^b 光谱项。Zn 原子的内电子最低激发电子组态为 $3d^9 4s^2 4p$，在实验中发现的 np（n=4，5，6，…）、nf 光谱项系也对此得以证实。电子组态所对应的那些光谱项中，由于选择定则 $\Delta J=0$，±1（$0\leftrightarrow0$ 除外）的限制，在吸收光谱中只观察到$^1P_1$、$^3P_1$ 和$^3D_1$ 三个光谱项（注意某些情况下 $\Delta L=\pm1$，$\Delta S=0$ 的选择定则已不再适用）。单电子激发对应的粗结构光谱项为 nl，严格受选择定则 $\Delta l=\pm1$ 限制，所以观测不到内电子为 ns、nd 的光谱项系。当 Zn 的内电子激发态 $3d^9 4s^2 np$ 中的 $n\to\infty$时，与 ZnⅡ的离子组态 $3d^9 4s^2$ 相对应，其光谱项^2D 即内电子被电离的离子光谱项，常称为II^b，在 X 射线光谱学中称为 M_I层的激发。在许多原子中都能观测到这种光谱。在原子中还存在更内层的电子被激发的现象，把产生的光谱项记为I^c、I^d 等，这些光谱是连接光学光谱和 X 射线中间波段的桥梁。Zn I^b 光谱项和 ZnⅡ光谱项见图 4-2。

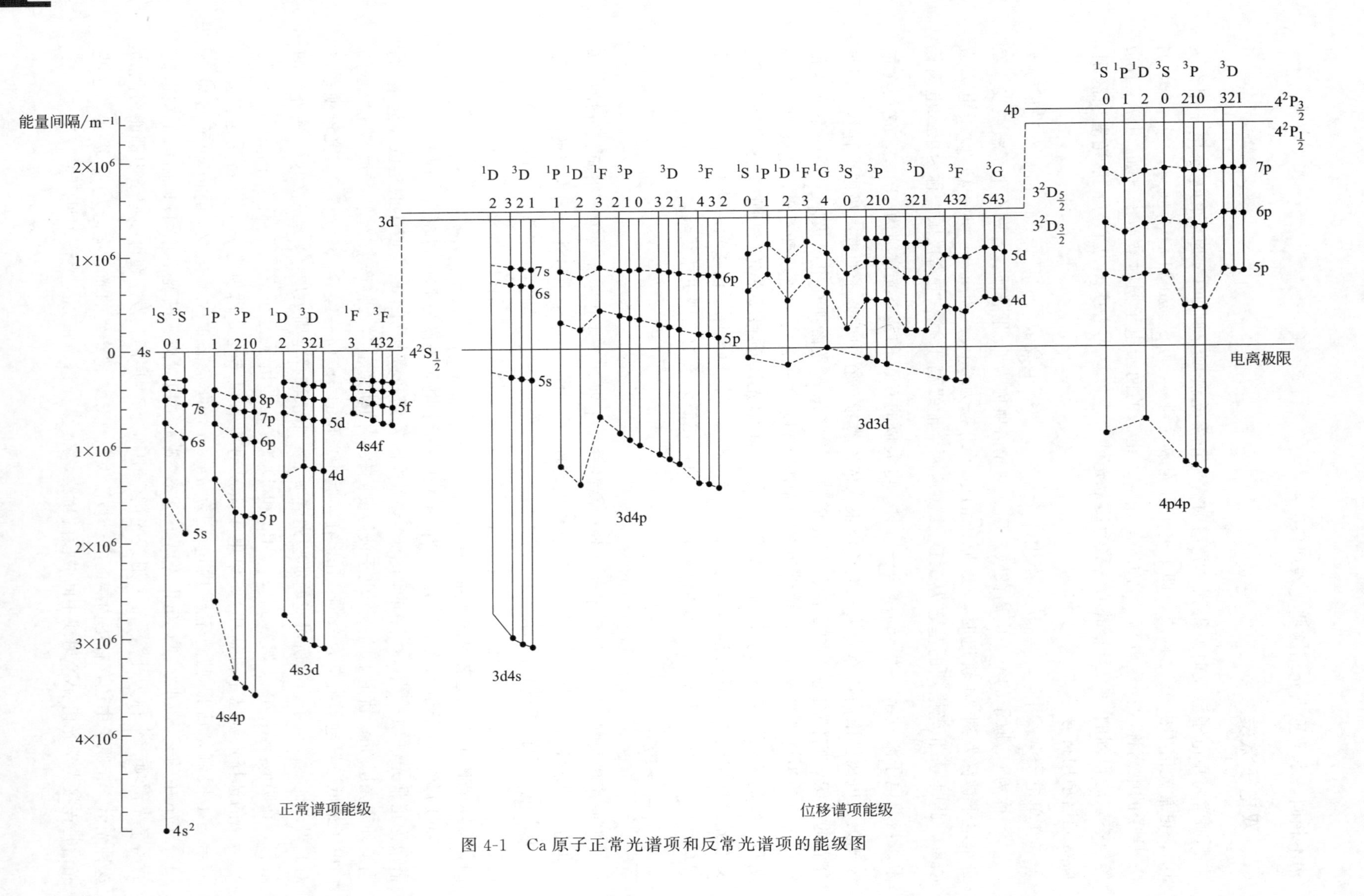

图 4-1 Ca 原子正常光谱项和反常光谱项的能级图

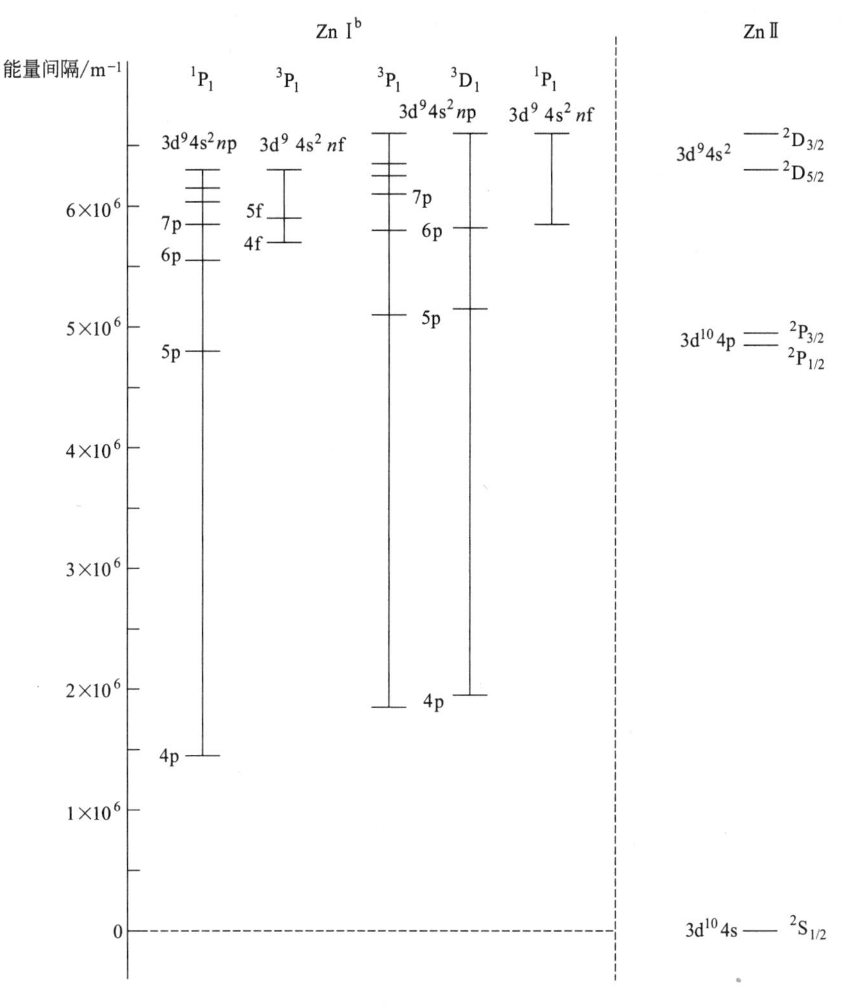

图 4-2　Zn Ⅰ ^{b} 光谱项和 Zn Ⅱ 光谱项

三、自电离

从上面的叙述可知，电离极限之上存在许多光谱项，如位移光谱项、Ⅰ ^{b} 光谱项等，这些分立的能级与正常光谱的能量连续区相重叠，在这个区域的原子处于两种不同的状态——反常态与连续电离态，具有相同的能量，而后者的离子和电子具有相对的动能，在量子力学中这种现象是一个波函数的混合过程，即原子在两能态间来回振荡。当原子从分立态振荡到能量相同的连续态后，原子已被电离，即电子离开了原子，因此反方向的振荡不可能产生，此时相当于发生了一个无辐射的量子跃迁，由此产生了原子的电离，这种效应称为自电离或预电离。

习　　题

4-1　下列的原子中，激发态为 JK 耦合的有（　　）。

A. 氦　　　B. 氖　　　C. 锂　　　D. 氩

4-2　镁原子第一激发电子组态中的三重态间隔比是多少？

4-3　用来确定元素基态的常用方法有哪些？写出铑（$4d^8 5s^1$）的基态光谱项。

4-4　以下原子中，光谱项多重项为奇数的为（　　）。

A. Li　　　B. Mg　　　C. Si　　　D. Cl

4-5　利用洪特定则判断硅原子的基态光谱项。

第五章　原子光谱的超精细结构

当用高分辨率的仪器如干涉分光仪、大型平面光栅高序部分及激光光谱仪来观测各种多重谱线分裂时发现，在很多原子光谱中的多重谱线仍可分成许多靠得非常近的谱线。这种分裂称为超精细结构。精细结构的间隔一般为0.1～1nm，而超精细结构的间隔一般为10^{-3}～10^{-2}nm。最初发现超精细结构时，人们认为是存在不同的同位素引起的，但实验发现只有一种同位素的原子也有上述现象。

研究之初，已经明确了引起谱线精细结构的主要因素是原子中的电子轨道角动量$\boldsymbol{l}$与电子自旋角动量$\boldsymbol{s}$间的相互作用，但没有发现核外电子存在其他作用而引起的能级进一步分裂现象——超精细结构。直到后来泡利和罗素提出了原子核具有自旋角动量，进而具有核磁矩的假设才成功地解释了超精细结构。现在把核自旋效应引起的谱线分裂称为超精细结构。另外，同位素所引起的谱线位移称为同位素位移。原子核由于体积因素造成的核电极矩对谱线分裂的影响称为核电四极矩效应。它们引起的谱线变化都在超精细结构的数量级之内，本章将从这三个方面进行讨论。

第一节　同位素效应

同位素是指原子序数相同，原子质量不同，在元素周期表中占有同一位置的元素。大多数元素都是由多种同位素原子构成的，虽然一种元素的不同同位素具有相同数目和排列的电子，其电子的分布规律也相同，其光谱结构也是相似的，但由于核内中子数不同而导致光谱线发生位移。把相同组态能级跃迁所产生的谱线因不同的同位素使其波长（频率）存在微小位移的现象称为同位素位移。同位素位移的量级与超精细结构相同，一般为10^{-3}～10^{-2}nm。同位素位移与原子核内结构相关，研究同位素效应对揭示原子核结构有重要意义，借助同位素位移分析原子的结构是光谱分析的重要应用。了解同位素的能级结构是选择合适的激发能进行激光分离同位素的理论依据。

一、同位素位移

同一元素的不同同位素间的差别主要是原子核的质量，所以同位素位移一般被认为是质量效应，主要是由于核质量变化所引起的里德堡常数不同。下面简单讨论氢原子和类氢离子这类由原子核和一个电子组成的单电子体系的同位素位移。

单电子体系的光谱项为 $$T=\frac{RZ^2}{n^2}$$

式中 $$R=R_\infty\left(\frac{1}{1+\frac{m_e}{M}}\right) \tag{5-1}$$

当核质量改变 ΔM 时，里德堡常数发生变化，其里德堡常数改变量为 ΔR。

$$\begin{aligned}\Delta R &= R(M+\Delta M)-R(M)\\ &=R_\infty\left(\frac{M+\Delta M}{M+\Delta M+m_e}-\frac{M}{M+m_e}\right)\\ &=R_\infty\frac{m_e\Delta M}{M(M+\Delta M)}\end{aligned} \tag{5-2}$$

上式是考虑到 $m_e \ll M$ 之后化简求得的。对式(5-1）级数展开，可得

$$R\approx R_\infty\left(1-\frac{m_e}{M}\right)$$

相应的光谱项为

$$T=\frac{RZ^2}{n^2}\approx\frac{R_\infty Z^2}{n^2}\left(1-\frac{m_e}{M}\right)=T_\infty\left(1-\frac{m_e}{M}\right) \tag{5-3}$$

式中 $$T_\infty=\frac{R_\infty Z^2}{n^2}$$

从式(5-3）可以看出原子核质量对光谱项的影响。如果有两个同位素的原子核质量差为 ΔM，其光谱项的差值为 ΔT，则

$$\begin{aligned}\Delta T &= T(M+\Delta M)-T(M)\\ &=T_\infty\left(1-\frac{m_e}{M+\Delta M}\right)-T_\infty\left(1-\frac{m_e}{M}\right)\\ &=T_\infty\frac{m_e\Delta M}{M(M+\Delta M)}\\ &=\frac{R_\infty Z^2}{n^2}\times\frac{m_e\Delta M}{M(M+\Delta M)}\end{aligned} \tag{5-4}$$

相对差值为

$$\frac{\Delta T}{T_\infty}=\frac{m_e\Delta M}{M(M+\Delta M)}$$

若核质量 M 的原子的跃迁谱线为

$$\begin{aligned}\tilde{\nu} &= T_n(M)-T_m(M)\\ &=R_\infty\left(1-\frac{m_e}{M}\right)Z^2\left(\frac{1}{n^2}-\frac{1}{m^2}\right)\end{aligned}$$

其同位素对应的谱线为

$$\begin{aligned}\tilde{\nu}' &= T_n(M+\Delta M)-T_m(M+\Delta M)\\ &=R_\infty\left(1-\frac{m_e}{M+\Delta M}\right)Z^2\left(\frac{1}{n^2}-\frac{1}{m^2}\right)\end{aligned}$$

则两谱线的相对同位素位移为

$$\frac{\Delta\tilde{\nu}}{\tilde{\nu}}=\frac{m_e \Delta M}{M(M+\Delta M)} \tag{5-5}$$

这说明元素 Z 越大，要想观测其同位素位移需要的仪器分辨率越高。例如，氢的同位素氕（^1H）和氘（^2H）的原子核的原子量差为 $\Delta M=1$，相对同位素位移为

$$\frac{\Delta\tilde{\nu}}{\tilde{\nu}}=2.7\times10^{-4}$$

这时用一般仪器就可以进行观察。而当质量数变为 $A=100$、$\Delta M=1$ 时

$$\frac{\Delta\tilde{\nu}}{\tilde{\nu}}=5\times10^{-8}$$

这对观测仪器的分辨率要求变得非常高。

最早观测到氢元素同位素位移的是尤莱（Urey），1932 年他发现巴尔末线系的短波一侧有很弱的伴线，其与 H_α、H_β、H_γ、H_δ 分别相距 0.179nm、0.133nm、0.119nm 和 0.112nm，并且只需将氢原子里德堡常数中的核质量加倍，就可以用巴尔末公式得到这些伴线的波长，从而发现了氢原子的同位素氘。

式(5-5) 表明当原子核质量增加时，同位素位移变小。但是实验发现，当核电荷数 $Z=30\sim40$ 时同位素位移最小，之后随着 Z 增加同位素位移增大。显然这种现象不能再用质量效应来进行解释，于是泡利等人提出了重核体积效应。

二、同位素位移谱的丰度

同位素的含量具有一定比例，用丰度比来表示。丰度比的大小反映了谱线的强度。例如 $^{20}Ne : {}^{22}Ne=9:1$；$^2H : {}^1H=1:5000$。

光谱结构是由于价电子的跃迁形成的，而元素的不同同位素之间只是原子核的质量不同，其电子排布相同，因此同位素的原子光谱结构相同，位移谱在外场的行为也相同。由于元素的不同同位素电子跃迁谱的塞曼分裂相同，外加磁场成为区分核自旋与同位素引起的谱线分裂的首要方法。

第二节　核自旋效应

一、核自旋及其磁矩

核自旋与价电子相同，满足量子化条件，用 $\boldsymbol{I}$ 表示核自旋角动量，它的模由量子力学给出，为

$$|\boldsymbol{I}|=\sqrt{I(I+1)}\hbar$$

式中，I 为核自旋量子数。不同原子的核自旋量子数 I 不同。一般 I 可以是整数或半整数，质量数为偶数的原子核自旋量子数为整数，质子数与中子数均为偶数的原子核自旋量子数为 0，质量数为奇数的原子核自旋量子数为半整数。例如，氢原子的原子核只有一个质子，其原子核量子数 $I=1/2$。具体原子的核自旋量子数可由原子核自旋量子数表查出。

核自旋运动产生的磁矩与核外电子情况相似，表达式为

$$\boldsymbol{\mu}_I=\frac{e}{2M}g_I\boldsymbol{I}$$

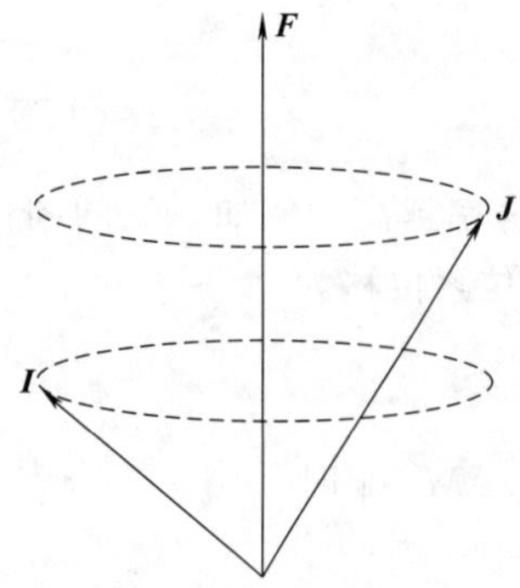

式中，g_I 为原子核的 g 因子；M 为原子核质量。

二、核自旋矢量模型

前面，我们一直用核外电子的各个角动量之和表示原子相应的角动量，当考虑核自旋后，此表达方法发生了变化，即核外电子的轨道角动量为 $\boldsymbol{L}$，自旋角动量为 $\boldsymbol{S}$，核外电子的总角动量为 $\boldsymbol{J}=\boldsymbol{L}+\boldsymbol{S}$。由核自旋磁矩 $\boldsymbol{\mu}_I$ 和核外电子运动产生磁场间的相互作用，可以描述为核自旋角动量 $\boldsymbol{I}$ 和核外电子的总角动量 $\boldsymbol{J}$ 矢量耦合产生了总的角动量 $\boldsymbol{F}$。这样考虑核自旋后，$\boldsymbol{F}$ 成为原子的总角动量。其矢量模型如图 5-1 所示。原子总角动量 $\boldsymbol{F}=\boldsymbol{J}+\boldsymbol{I}$，其模为 $|\boldsymbol{F}|=\sqrt{F(F+1)}\hbar$，式中，$F$ 为原子总角动量量子数，$F=J+I, J+I-1, \cdots, |J-I|$。

图 5-1　核自旋角动量 $\boldsymbol{I}$ 与总角动量 $\boldsymbol{J}$ 矢量耦合的模型

三、核自旋与电子的相互作用

当考虑核磁矩与单个电子间的相互作用时，电子运动在核处产生的磁场为 $\boldsymbol{B}_{\mathrm{el}}$，则

$$\boldsymbol{B}_{\mathrm{el}}=\frac{1}{4\pi\varepsilon_0}\times\frac{e\boldsymbol{v}\times\boldsymbol{r}}{c^2r^3}-\frac{1}{4\pi\varepsilon_0}\times\frac{1}{c^2r^3}\left[\boldsymbol{\mu}_s-\frac{3(\boldsymbol{\mu}_s\cdot\boldsymbol{r})\boldsymbol{r}}{r^2}\right], r\neq 0$$

式中，第一项为电子轨道运动产生的磁场；第二项为电子自旋运动产生的磁场。若引入电子自旋磁矩

$$\boldsymbol{\mu}_s=-\frac{2\mu_B}{\hbar}\boldsymbol{s}$$

和轨道磁矩

$$\boldsymbol{\mu}_l=-\frac{\mu_B}{\hbar}\boldsymbol{l}=\frac{e\boldsymbol{v}\times\boldsymbol{r}}{2}$$

则有

$$\boldsymbol{B}_{\mathrm{el}}=-\frac{1}{4\pi\varepsilon_0}\times\frac{2\mu_B}{c^2\hbar^2r^3}\left[\boldsymbol{l}-\boldsymbol{s}+\frac{3(\boldsymbol{s}\cdot\boldsymbol{r})\boldsymbol{r}}{r^2}\right]$$

$$=-\frac{\mu_0}{4\pi}\times\frac{2\mu_B}{\hbar^2r^3}\left[\boldsymbol{l}-\boldsymbol{s}+\frac{3(\boldsymbol{s}\cdot\boldsymbol{r})\boldsymbol{r}}{r^2}\right]$$

式中，μ_0 为真空中的磁导率。

核磁矩与电子产生磁场的相互作用能为

$$\hat{H}_m=-\boldsymbol{\mu}_I\cdot\boldsymbol{B}_{\mathrm{el}}$$

这里 $\hat{H}_m\ll\hat{H}_0$，可视为微扰，则引起的附加能量为

$$\Delta E_m=\langle n|-\boldsymbol{\mu}_I\cdot\boldsymbol{B}_{\mathrm{el}}|n\rangle$$

计算即得相互作用能为

$$\Delta E_m=\frac{a_j}{2}[F(F+1)-J(J+1)-I(I+1)]$$

$$a_j=2\mu_B\frac{\mu_I}{I}\left\langle\frac{1}{r^3}\right\rangle\frac{l(l+1)}{j(j+1)}, l\neq 0$$

$$a_j=2\mu_B\frac{\mu_I}{I}\frac{8\pi}{3}|\psi_s(0)|^2, l=0$$

例如，氢原子 1s 基态的光谱项$^2S_{1/2}$ 的分裂，由

$$I=\frac{1}{2},J=\frac{1}{2}$$

得

$$F=0,1$$

其能级间隔 $\Delta E(F=1)-\Delta E(F=0)=1.4\text{GHz}\cdot h$。

对多电子情况，电子运动产生的磁场为 $\boldsymbol{B}_e$，其表达式为

$$\boldsymbol{B}_e=\sum_i -\frac{\mu_0}{4\pi}\times\frac{2\mu_B}{r_i^3\hbar^2}\left[\boldsymbol{l}_i-\boldsymbol{s}_i+\frac{3(\boldsymbol{s}_i\cdot\boldsymbol{r}_i)\boldsymbol{r}_i}{r_i^2}\right]$$

其相互作用能为

$$\Delta E_m=\frac{A(T)}{2}[F(F+1)-J(J+1)-I(I+1)] \tag{5-6}$$

系数 $A(T)$的取值随着光谱项 T 的不同而不同。

四、核自旋效应下的光谱结构

核自旋效应引起的超精细结构光谱项的表示方法，是将对应的总角动量量子数 F 写在原有光谱项的左下角，即在 LS 耦合下表示为$^{2S+1}_{F}L_J$，在 jj 耦合下表示为$_F(j_1,j_2,\cdots,j_n)_J$ 或$_F(J_p,j_n)_J$。例如 Bi 的核自旋量子数为 $I=9/2$，其在 $6p^3$ 组态下$^2D_{5/2}$ 光谱项的原子总角动量量子数为 $F=2,3,4,5,6,7$，对应的超精细结构光谱项表示为

$$^2_2D_{\frac{5}{2}},{}^2_3D_{\frac{5}{2}},{}^2_4D_{\frac{5}{2}},{}^2_5D_{\frac{5}{2}},{}^2_6D_{\frac{5}{2}},{}^2_7D_{\frac{5}{2}}$$

下面以 Na D 线为例研究它的超精细结构。

Na D 线是由 $3^2P_{1/2}\to3^2S_{1/2}$（D_1 线）和 $3^2P_{3/2}\to3^2S_{1/2}$（D_2 线）跃迁产生的谱线，Na 的核自旋量子数为 $I=3/2$，当 $J=3/2$ 时，$F=3,2,1,0$；当 $J=1/2$ 时，$F=2,1$。根据式(5-6) 画出的能级分裂如图 5-2 所示。

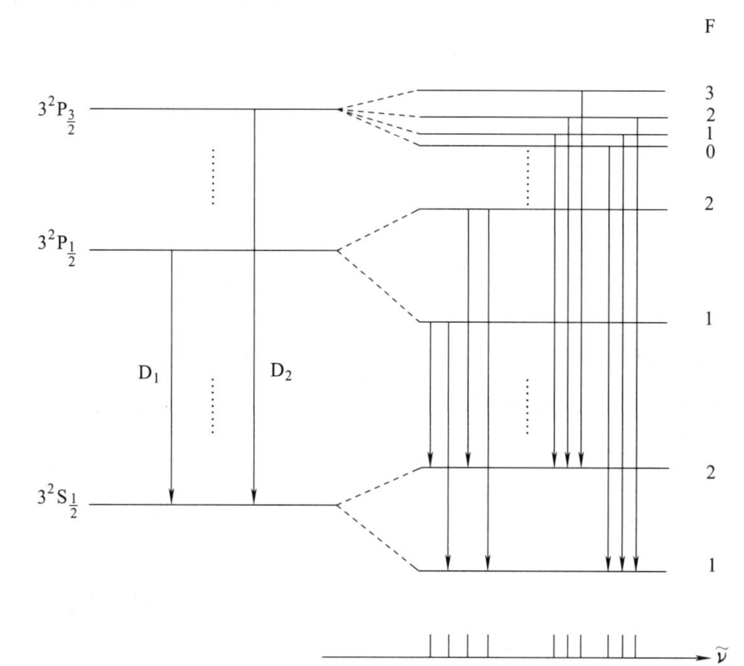

图 5-2 Na D 线的超精细结构图

超精细结构谱线跃迁的选择定则为 $\Delta F=0$，± 1（除 $0\leftrightarrow 0$），根据选择定则在图 5-2 中画出了允许跃迁的谱线，可以看到，D_1 线分裂成了 4 条，D_2 线分裂成了 6 条超精细结构谱线。

第三节　核电四极矩效应

原子核具有一定的大小。当原子序数增加时，核的作用变得越来越明显。这时就不能把原子核作为点电荷来处理与核外电子的相互作用，应该考虑原子核作为一个带电体与核外电子的相互作用。原子核大小的影响可以用光谱的超精细结构来描述。

一、核电荷与电子电荷间的相互作用

设 $\rho_e(\boldsymbol{r}_e)$、$\rho_n(\boldsymbol{r}_n)$ 分别表示在 $\boldsymbol{r}_e$、$\boldsymbol{r}_n$ 处的电子电荷密度和核电荷密度，其相互作用为

$$\hat{U}=\frac{1}{4\pi\varepsilon_0}\iiint\iiint\frac{\rho_e(\boldsymbol{r}_e)\rho_n(\boldsymbol{r}_n)}{\boldsymbol{r}_e-\boldsymbol{r}_n}\mathrm{d}V_e\mathrm{d}V_n$$

式中，$\boldsymbol{r}_e$，$\boldsymbol{r}_n$ 为对应电子电荷和核电荷的径向坐标，由于 $|\boldsymbol{r}_e|\gg|\boldsymbol{r}_n|$，有

$$\frac{1}{|\boldsymbol{r}_e-\boldsymbol{r}_n|}=\frac{1}{r_e}\left[p_0(\cos\theta)+\frac{r_n}{r_e}p_1(\cos\theta)+\left(\frac{r_n}{r_e}\right)^2p_2(\cos\theta)+\cdots\right]$$

式中，p_l 为勒让德多项式，$l=0,1,2,3,\cdots$。代入整理，得

$$\hat{U}=\hat{U}_0+\hat{U}_1+\hat{U}_2+\cdots$$

其中

$$\hat{U}_0=\frac{1}{4\pi\varepsilon_0}\iiint\iiint\frac{\rho_e(\boldsymbol{r}_e)\rho_n(\boldsymbol{r}_n)}{r_e}P_0\mathrm{d}V_e\mathrm{d}V_n=\frac{1}{4\pi\varepsilon_0}Ze\iiint\frac{\rho_e(\boldsymbol{r}_e)}{r_e}\mathrm{d}V_e$$

$\hat{U}$ 为将原子核作为点电荷处理时的球对称场。

$$\begin{aligned}\hat{U}_1&=\frac{1}{4\pi\varepsilon_0}\iiint\iiint\frac{\rho_e(\boldsymbol{r}_e)\rho_n(\boldsymbol{r}_n)}{r_e^2}r_np_1\mathrm{d}V_e\mathrm{d}V_n\\&=\frac{1}{4\pi\varepsilon_0}\iiint\rho_n(\boldsymbol{r}_n)r_n\mathrm{d}V_n\iiint\frac{\rho_e(\boldsymbol{r}_e)\boldsymbol{r}_e}{r_e^3}\mathrm{d}V_e\\&=\boldsymbol{P}_n\cdot(-\boldsymbol{E})\\&\equiv 0\end{aligned}$$

式中，$\boldsymbol{P}_n$ 为原子核的电偶极矩。由于原子核不存在偶极矩，所以 $\hat{U}_1\equiv 0$。核电荷中关于极矩问题最简单的判定方法是对称性的判断：2^l 中只有 l 是偶数的极矩存在，即 $4,16,\cdots$。而 l 是奇数时，$\boldsymbol{P}_{2^l}$ 是奇函数，积分结果为 0。

$$\begin{aligned}\hat{U}_2&=\frac{1}{4\pi\varepsilon_0}\iiint\iiint\frac{\rho_e(\boldsymbol{r}_e)\rho_n(\boldsymbol{r}_n)}{r_n^3}r_n^2p_2\mathrm{d}V_e\mathrm{d}V_n\\&=\frac{1}{4\pi\varepsilon_0}\iiint\iiint\frac{3\rho_e\rho_n}{2r_e^3}r_n^2\left[\cos(\boldsymbol{r}_e\hat{\ }\boldsymbol{r}_n)-1\right]\mathrm{d}V_e\mathrm{d}V_n\end{aligned}$$

可证明

$$\hat{U}_2=-\frac{1}{6}\boldsymbol{Q}(\nabla\boldsymbol{E})_{r_n=0}$$

式中，$\boldsymbol{Q}$ 为电四极矩，是二阶张量，有

$$\boldsymbol{Q}=\iiint \rho_n(\boldsymbol{r}_n)(3\boldsymbol{r}_n\boldsymbol{r}_n-r_n^2\boldsymbol{II})\mathrm{d}V_n$$

$$\boldsymbol{E}=-\frac{1}{4\pi\varepsilon_0}\iiint\frac{\rho_e(\boldsymbol{r}_e)}{|\boldsymbol{r}_e-\boldsymbol{r}_n|^3}(\boldsymbol{r}_e-\boldsymbol{r}_n)\mathrm{d}V_e$$

当取 z 轴为核自旋轴时，有

$$Q_{x_ny_n}=Q_{y_nz_n}=Q_{z_nx_n}=0$$

仅对角元素有取值，为

$$Q_{x_nx_n}=Q_{y_ny_n}=-\frac{1}{2}Q_{z_nz_n}$$

令

$$Q=\frac{1}{e}Q_{z_nz_n}$$

则有

$$Q=eQ\begin{pmatrix}-\frac{1}{2} & 0 & 0\\ 0 & -\frac{1}{2} & 0\\ 0 & 0 & 1\end{pmatrix}$$

$$=eQ\left(-\frac{1}{2}\boldsymbol{i}_n\boldsymbol{i}_n-\frac{1}{2}\boldsymbol{j}_n\boldsymbol{j}_n+\boldsymbol{k}_n\boldsymbol{k}_n\right)$$

如果认为电子电荷分布以 $\boldsymbol{J}$ 轴旋转对称且坐标系为 x_e、y_e、z_e，则

$$(\nabla_n\boldsymbol{E})_{r_n=0}=-q_J\left(-\frac{1}{2}\boldsymbol{i}_n\boldsymbol{i}_n-\frac{1}{2}\boldsymbol{j}_n\boldsymbol{j}_n+\boldsymbol{k}_n\boldsymbol{k}_n\right)$$

$$q_J=\frac{1}{4\pi\varepsilon_0}\iiint\rho_e(\boldsymbol{r}_e)\frac{1}{r_e^5}(3Z_e^2-r_e^2)\mathrm{d}V_e$$

在经典计算下，电四极矩引起的能量为

$$\hat{U}_2=\frac{1}{4}eq_JQ\frac{3\cos^2\theta}{2}$$

式中，θ 为$\boldsymbol{k}_n\hat{}\boldsymbol{k}_e$。

在量子力学下，有

$$\Delta E_q=\frac{eq_JQ}{4I(2I-1)J(2J-1)}\left[\frac{3}{2}C(C+1)-2I(I+1)J(J+1)\right] \tag{5-7}$$

式中

$$C=F(F+1)-I(I+1)-J(J+1)$$

$$Q=\frac{1}{e}\langle IM_I|Q_{z_n}Q_{z_n}|IM_I\rangle_{M_I=1}$$

$$q_j=e\iiint\boldsymbol{\Psi}_{JJ}^*(\boldsymbol{r}_e)\frac{3\cos(\boldsymbol{r}_e\hat{}\boldsymbol{J})-1}{r_e^3}\boldsymbol{\Psi}_{JJ}(\boldsymbol{r}_e)\mathrm{d}V_e$$

令

$$B=eq_JQ$$

式(5-7) 可化为

$$\Delta E_q=\frac{B}{4I(2I-1)J(2J-1)}\left[\frac{3}{2}C(C+1)-2I(I+1)J(J+1)\right] \tag{5-8}$$

二、核电四极矩对能级分布的影响

一般情况下核电四极矩的影响很小，引起的能级分裂不大，图 5-3 给出了 $Q>0$ 时 $J=$

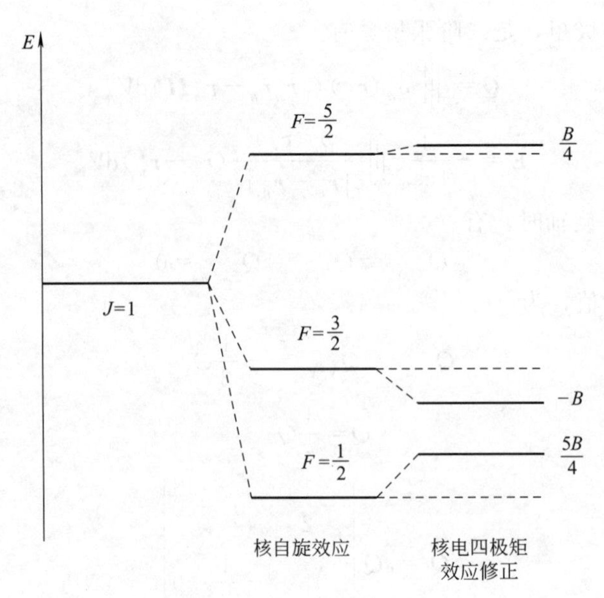

图 5-3 电四极矩下的修正

1，$I=3/2$ 的能级在电四极矩下的修正。

在下列几种情况下不考虑核电四极矩：

① 原子电子态为S态，且总角动量 $L=0$ 时，在 $r_n=0$ 处 $\frac{\partial^2 \Psi_n}{\partial z^2}=0$，$q_J=0$，所以 $Q=0$。

② 核自旋角动量 $I=0$ 或 $\frac{1}{2}$ 时，$Q=0$。

③ 电子总角动量 $J=\frac{1}{2}$ 或 1 时，电子波函数球坐标对称分布，$Q=0$。

在实际应用中，超精细结构引起的附加能量可表达为

$$\Delta E_{hfs}=\Delta E_{hfs}^{(0)}+\Delta E_{hfs}^{(1)}+\Delta E_{hfs}^{(2)}$$

上式中的三项分别对应同位素效应、核自旋效应和核电四极矩效应所引起的附加能量。其中，一般引起超精细结构的主要因素是 $\boldsymbol{I}$ 与 $\boldsymbol{J}$ 的相互作用。

习 题

5-1 ^{12}C 的核自旋量子数为多少？

5-2 画出 $^1H_\alpha$ 的超精细谱线能级分裂图。

5-3 硼（B）原子的核自旋量子数为 $I=3/2$，请给出其锐线系第一条谱线的表达式，并画出其谱线的超精细结构。

第六章　外场中的原子光谱

前面的讨论都是把原子作为一个独立的体系，没有考虑原子处于外部环境下的原子光谱。处于外场下的原子，其辐射的谱线会是怎样呢？1886年，荷兰物理学家塞曼用一台高分辨率仪器观测置于磁场中的光源所发出的光，发现原来的谱线分裂成几条偏振化的谱线，这种现象称为塞曼效应。研究外磁场下的光谱不仅能证实原子具有磁矩和空间量子化现象，同时对多重线的分析及原子态的研究十分重要。1913年，斯塔克观测到处于电场中的原子所发射的谱线也呈现偏移或分裂的现象，并且与塞曼谱相似，谱线也是偏振化的，这种现象称为斯塔克效应。本章主要讨论外加磁场和电场中的光谱。

第一节　磁场中的原子光谱

常用来研究磁场中原子光谱的方式有两种，第一种是利用高分辨率光谱仪直接观测、记录磁场中光源发出的光谱；第二种是利用法布里-帕罗（F-P）多光束干涉仪来观测磁场引起的分裂谱的干涉条纹，通过条纹间隔 $\Delta\nu$ 的变化计算出分裂谱的波长。

磁场中原子光谱是偏振化的，垂直磁场方向观测时，可以观察到振动方向平行于磁场方向的线偏振光（称为 π 分量）和振动方向垂直于磁场方向的线偏振光（称为 σ 分量）。强度不足以破坏价电子原有耦合形式（LS、jj）的磁场称为弱磁场。弱磁场下，平行磁场方向观测时可以观察到左旋和右旋的圆偏振光（σ^+ 和 σ^- 分量）。常把一条谱线在弱磁场中分裂为1条 π 分量和2条 σ 分量（共三条谱线）的分裂称为正常塞曼分裂，分裂的谱线条数多于三条的称为反常塞曼分裂。以上是从现象上定义，通过下面的讨论将更清楚地认识正、反常塞曼分裂的本质。

一、磁相互作用能

在磁场的作用下，原子磁矩与磁场相互作用产生附加能量，导致能级分裂。此附加能量用 ΔE 表示。原子磁矩与磁场的相互作用能为

$$W=-\boldsymbol{\mu}_J\cdot\boldsymbol{B} \tag{6-1}$$

式中，$\boldsymbol{\mu}_J$ 为原子磁矩；$\boldsymbol{B}$ 为外加磁场。原子磁矩表示为

$$\boldsymbol{\mu}_J=-\frac{\mu_B}{\hbar}g\boldsymbol{J}$$

式中，g 为朗德因子。朗德因子与原子耦合类型相关联，在 LS 耦合模型下，有

$$g=1+\frac{J^{*2}+S^{*2}-L^{*2}}{2J^{*2}} \tag{6-2}$$

在 jj 耦合模型下，以双价电子的原子为例，可表达为

$$g=g_1\frac{J^{*2}+j_1^{*2}-j_2^{*2}}{2J^{*2}}+g_2\frac{J^{*2}+j_2^{*2}-j_1^{*2}}{2J^{*2}} \tag{6-3}$$

式中
$$g_i=1+\frac{j_i^{*2}+s_i^{*2}-l_i^{*2}}{2j_i^{*2}};i=1,2 \tag{6-4}$$

当相互作用能 $W=-\boldsymbol{\mu}_J\cdot\boldsymbol{B}$ 比无外场下的体系能量小时，可以视为微扰。体系的哈密顿量为 $\hat{H}=\hat{H}_0+\hat{W}$。其中，$\hat{H}_0$ 是无外场下体系的哈密顿量，其能量由 L、S、J（LS 耦合）或 j_1、j_2、J（jj 耦合）确定，记为 E_J^0，能级简并度为 $2J+1$，对应的波函数可设为 $\left|\alpha JM_J\right\rangle$，式中的 α 为除 J、M_J 外确定原子态所需的量子数。

一级微扰下的修正能量为

$$\Delta E=\left\langle \alpha JM_J\left|\hat{W}\right|\alpha JM'_J\right\rangle \tag{6-5}$$

求解得到

$$\Delta E=\mu_B BgM_J=\mu_B BgM \tag{6-6}$$

式中，磁量子数 $M=J,J-1,\cdots,-J$，共 $2J+1$ 个。所以在弱磁场作用下体系的能量为

$$E=E_J^{(0)}+\mu_B BgM$$

二、塞曼分裂

1. 选择定则

处于磁场作用下的发光源的能级进一步发生了分裂。若在弱磁场下，能级精细结构的总角动量为 J，则其分裂成（$2J+1$）个能级。当处于高能态 M_J 的原子向低能态 M'_J 跃迁时，发出的谱线为偏振化谱线。当 $\Delta M=M_J-M'_J=0$ 时，发出的光沿平行磁场方向偏振，产生 π 分量；当 $\Delta M=\pm1$ 时，发出的光沿垂直磁场方向偏振，产生 σ 分量。平行磁场偏振测量时，$\Delta M=-1$ 对应右旋圆偏振光 σ^-；$\Delta M=1$ 对应左旋圆偏振光 σ^+。

2. 塞曼分裂图

塞曼分裂是一种弱磁场下的原子光谱现象，即磁场作用引起附加能

$$\Delta E=\mu_B BgM_J=\mu_B BgM$$

不损坏原子原有的耦合形式，能级在 LS 或 jj 耦合基础上产生进一步的分裂，得到的分裂谱称为塞曼分裂图。如图 6-1 所示，其位移 $\Delta\tilde{\nu}=\tilde{\nu}_1-\tilde{\nu}_2$ 可表达为

$$\Delta\tilde{\nu}=(M_1g_1-M_2g_2)L \tag{6-7}$$

$$L=\frac{\mu_B B}{hc}$$

式中，L 为洛伦兹单位。下面分两种情况分析塞曼分裂。

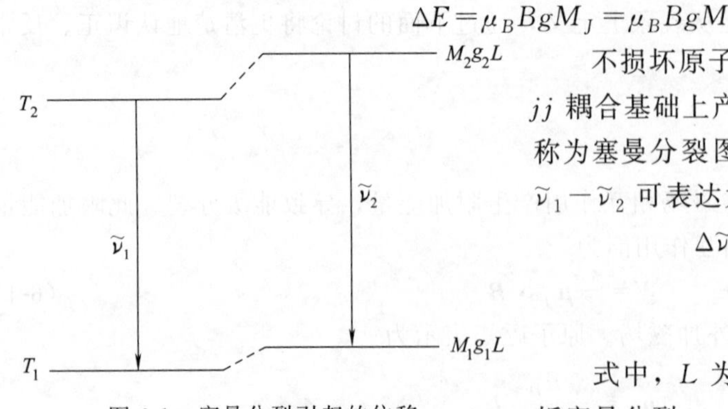

图 6-1 塞曼分裂引起的位移

(1) 在 LS 耦合中，对单重态有 $S=0$，相应的朗德因子 $g=1$，磁场作用引起的附加能为 $\Delta E=\mu_B BgM=\mu_B BM$，分裂的相邻能级间隔为 $\mu_B B$。由式（6-7）可以得出弱磁场下跃迁谱一条分裂成三条，这是正常塞曼分裂。例如镉（Cd）原子波长为 643.87nm 处的谱线在弱磁场中的分裂。该谱线是由 $^1D_2 \to {}^1P_1$ 跃迁产生的，其在弱磁场下的分裂如图 6-2 所示。在图下方的波数坐标中，用其坐标轴上方的短竖线表示 π 分量，用坐标轴下方的短竖线表示 σ 分量。

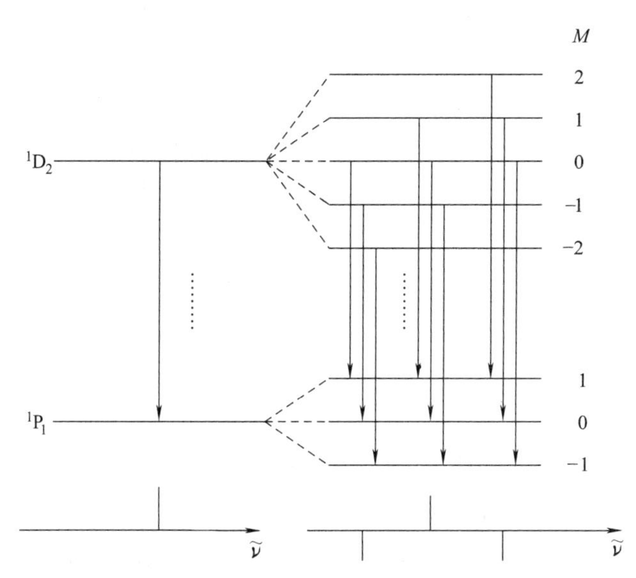

图 6-2　镉 643.87nm 波长处的谱线在弱磁场中的分裂图

(2) 在 LS 耦合中，当多重态的自旋总角动量 $S\neq 0$ 时，上、下能级的朗德因子 $g_{上}$、$g_{下}$ 不同，弱磁场引起的附加能 $\Delta E=\mu_B BgM$ 不同。由选择定则 $\Delta M=0$，± 1 得到多于三条的谱线结构，称为反常塞曼分裂。

例如，Na D 线的跃迁为

$$3^2P_{\frac{3}{2},\frac{1}{2}} \to 3^2S_{\frac{1}{2}}$$

各能级对应的朗德因子分别为

$$g\left({}^2P_{\frac{3}{2}}\right)=\frac{4}{3},g\left({}^2P_{\frac{1}{2}}\right)=\frac{2}{3},g\left({}^2S_{\frac{1}{2}}\right)=2$$

其相应的谱线分裂情况如图 6-3 所示。从塞曼分裂谱可看出，弱磁场下能级简并完全消除。在不破坏原有的耦合状态的条件下，电子的总角动量是守恒的。

三、塞曼分裂谱的谱线相对强度

当垂直于磁场方向观测时，其跃迁谱强度满足如下规律：

$$\Delta J=0,\begin{matrix} M\to M\pm 1, I=A(J+M+1)(J\mp M) \\ M\to M, I=4AM^2 \end{matrix}$$

$$\Delta J=1(J\to J+1),\begin{matrix} M\to M\pm 1, I=B(J\pm M+1)(J\pm M+2) \\ M\to M, I=4B(J+M+1)(J-M+1) \end{matrix}$$

$$\Delta J=-1(J\to J-1),\begin{matrix} M\to M\pm 1, I=C(J\mp M)(J\mp M-1) \\ M\to M, I=4C(J^2-M^2) \end{matrix}$$

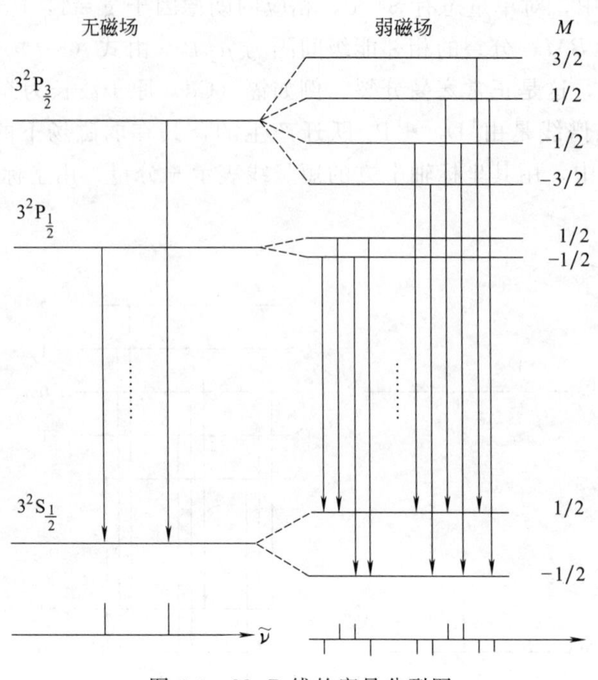

图 6-3　Na D线的塞曼分裂图

式中，A,B,C 为与辐射有关的参量；I 为相对强度。

上述强度定则由奥尔森和伯格经实验得到，在理论上由克龙尼格等人推导出来。该定则与实际符合得很好，其强度规律性为分析谱线的跃迁提供了重要信息。在应用方面，该定则可以推导出两条规律，即

① 当 $J_1 \neq J_2$ 时，最强的 σ 分量对应最大 M 值之间的跃迁。

② 当 $J_1 = J_2$ 时，最弱的 σ 分量对应最大 M 值之间的跃迁。

四、g 因子和定则

在塞曼分裂中，附加能量与 g 因子有直接关联，而 g 因子与耦合形式相关，因此谱线在磁场中的分裂也不相同。这就导致从观测谱线来确定对应能级跃迁存在困难。1923 年泡利通过对大量元素的塞曼图观测，发现 g 因子存在一定规律，称为 g 因子和规律，即在给定的电子组态所对应的所有原子态中，相同 J 值的能级的 g 因子之和是常数，该规律不受耦合形式的影响。其数学形式可表示为

$$\sum_i g_i(\boldsymbol{J}, LS) = \sum_i g_i(\boldsymbol{J}, jj)$$

由该规律可知，如果某一 J 值仅存在一个光谱项，那么对所有耦合形式，该 J 值对应的 g 因子是相同的。

下面以 pd 电子组态为例，来说明两种耦合形式下的 g 因子和规律。在 LS 耦合下，pd 电子组态的光谱项为

$$^1P_1,\ ^1D_2,\ ^1F_3,\ ^3P_{2,1,0},\ ^3D_{3,2,1},\ ^3F_{4,3,2}$$

各光谱项的 g 因子如表 6-1 所示。

表 6-1　pd 电子组态在 LS 耦合下各光谱项的 g 因子

J	4	3	2	1	0
^3F	$\frac{5}{4}$	$\frac{13}{12}$	$\frac{2}{3}$		
^3D		$\frac{4}{3}$	$\frac{7}{6}$	$\frac{1}{2}$	
^3P			$\frac{3}{2}$	$\frac{3}{2}$	0
^1F		1			
^1D			1		
^1P				1	
$\sum g_J$	$\frac{5}{4}$	$\frac{41}{12}$	$\frac{13}{3}$	3	0

在 jj 耦合下，pd 电子组态的光谱项为

$$\left(\frac{1}{2},\frac{3}{2}\right)_{2,1},\left(\frac{1}{2},\frac{5}{2}\right)_{3,2},\left(\frac{3}{2},\frac{3}{2}\right)_{3,2,1,0},\left(\frac{3}{2},\frac{5}{2}\right)_{4,3,2,1}$$

各光谱项的 g 因子如表 6-2 所示。比较可知，pd 电子组态在两种耦合下，相同 J 值的光谱项对应的 g 因子之和相同，即

$$\sum_i g_i(J,LS)=\sum_i g_i(J,jj)$$

表 6-2　pd 电子组态在 jj 耦合下各光谱项的 g 因子

J	4	3	2	1	0
$\left(\frac{3}{2},\frac{5}{2}\right)$	$\frac{5}{4}$	$\frac{233}{180}$	$\frac{108}{90}$	$\frac{11}{10}$	
$\left(\frac{3}{2},\frac{3}{2}\right)$		$\frac{16}{15}$	$\frac{16}{15}$	$\frac{16}{15}$	0
$\left(\frac{1}{2},\frac{5}{2}\right)$		$\frac{10}{9}$	$\frac{58}{45}$		
$\left(\frac{1}{2},\frac{3}{2}\right)$			$\frac{23}{30}$	$\frac{5}{6}$	
$\sum g_J$	$\frac{5}{4}$	$\frac{41}{12}$	$\frac{13}{3}$	3	0

g 因子和规律是分析能级耦合形式的重要依据。在实验中，经常是先获得塞曼图，而不是事先知道原子能级的耦合形式。在已知 J、M 的情况下，可以根据 $\Delta E=\mu_B Bgm$ 来确定 g 因子，再由 g 因子表来判定耦合形式。在实际测量中往往并不知道 j、m，推断这种情况下的能级耦合形式相对困难。利用塞曼分裂图和 g 因子和定则可以解决这类问题，这里省略其方法。

五、强磁场下的原子光谱

1. 帕邢-巴克效应

把光谱源置于磁场中，随着磁场强度的增大，当其原子与磁场相互作用比原子内部的

LS 相互作用或 jj 相互作用强时，可以观测到其发出的谱线如同塞曼效应一样，分裂成多条偏振化谱线，这种现象称为帕邢-巴克效应。

下面以最外层两个电子的原子为例介绍帕邢-巴克效应。

图 6-4 是在 LS 耦合模型下，两个价电子的原子与不同强度磁场作用的矢量模型。其中，图 6-4（a）为弱磁场下的情况，这时总角动量 $\boldsymbol{J}$ 绕磁场强度 $\boldsymbol{H}$ 进动，对应的是塞曼效应。图 6-4（b）为强磁场下的情况，从矢量模型结构可看出，角动量 $\boldsymbol{J}$ 已经不再守恒，即出现 $\boldsymbol{J}$ 脱耦现象，也可以说是强磁场破坏了原子原有的耦合形式。从模型可以看出 $\boldsymbol{J}$ 已经脱耦，而 $\boldsymbol{L}$、$\boldsymbol{S}$ 在磁场作用下空间量子化是守恒的。这时原子和磁场的相互作用是轨道磁矩 $\boldsymbol{\mu}_L$ 和自旋磁矩 $\boldsymbol{\mu}_S$ 与磁场作用之和，产生的附加能设为 ΔE_1，则

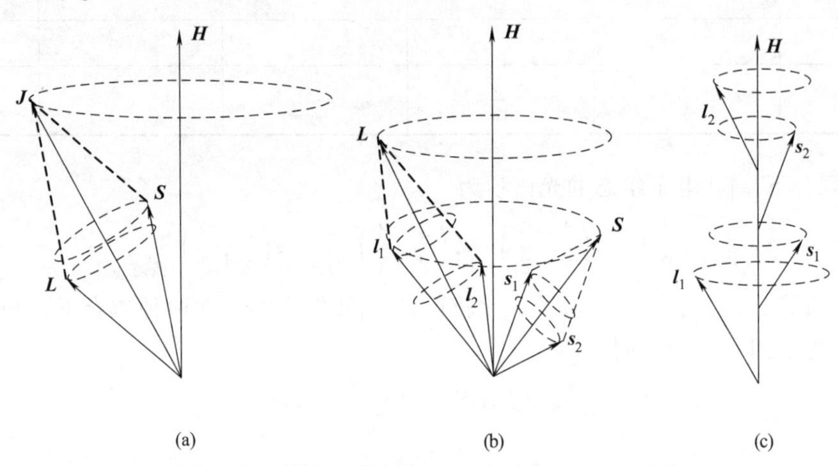

图 6-4　原子的角动量和磁场相互作用矢量模型图

$$\Delta E_1=-\boldsymbol{\mu}_L\cdot\boldsymbol{B}+(-\boldsymbol{\mu}_S\cdot\boldsymbol{B})=\mu_B BM_L+2\mu_B BM_S$$

同时对 $\boldsymbol{L}$ 和 $\boldsymbol{S}$ 间的耦合相互作用能 ΔE_2 进一步修正，得

$$\begin{aligned}\Delta E_2&=A'\boldsymbol{L}\cdot\boldsymbol{S}\\&=A'\boldsymbol{L}^*\boldsymbol{S}^*\overline{\cos(\boldsymbol{L}\,\hat{}\,\boldsymbol{S})}\\&=A''M_SM_L\end{aligned}$$

$\Delta E_2\ll\Delta E_1$，这时强磁场引起的附加能量可表示为

$$\begin{aligned}\Delta T_{LS}&=\frac{\Delta E_2+\Delta E_1}{hc}\\&=-[(M_L+2M_S)L+AM_LM_S]\end{aligned}$$

式中，L 为洛伦兹单位。

同理，在两个电子相互作用的 jj 耦合中，磁场与 $\boldsymbol{\mu}_{j_1}$ 和 $\boldsymbol{\mu}_{j_2}$ 相互作用的附加能 ΔE_1 为

$$\Delta E_1=\mu_B B(m_1g_1+m_2g_2)$$

这时 $\boldsymbol{j}_1$ 和 $\boldsymbol{j}_2$ 间的耦合相互作用能 ΔE_2 为

$$\begin{aligned}\Delta E_2&=b'\overline{\boldsymbol{j}_1\cdot\boldsymbol{j}_2}\\&=b'\boldsymbol{j}_1^*\cdot\boldsymbol{j}_2^*\overline{\cos\left(\boldsymbol{j}_1\,\hat{}\,\boldsymbol{j}_2\right)}\\&=bm_1m_2\end{aligned}$$

相应的光谱项值为

$$\Delta T_{j_1j_2}=-(m_1g_1+m_2g_2)L-B'm_1m_2$$

式中 $$B'=\frac{b}{hc}$$

在帕邢-巴克效应下，LS 耦合的体系能量对应的光谱项为

$$T_{LS}=T_0-(\Gamma_1+\Gamma_2)+\Delta T_{LS}$$

式中，T_0 为有心力场下的体系能量对应的光谱项。jj 耦合下，体系能量对应的光谱项为

$$T_{jj}=T_0-(\Gamma_3+\Gamma_4)+T_{jj}$$

式中，Γ_1，Γ_2，Γ_3 和 Γ_4 为无磁场时电子间的角动量相互作用对应的耦合能。

下面以 Na 原子的 D 线为例，叙述帕邢-巴克效应引起的谱线分裂。Na D 线是 $3^2P_{1/2,3/2}\rightarrow 3^2S_{1/2}$ 跃迁产生的谱线，在强磁场下总角动量 $\boldsymbol{J}$ 退耦，因此计算在帕邢-巴克效应下体系产生的附加能量 ΔT_{LS}，实际上是计算光谱项 ^2P、^2S 与磁场的相互作用所引起的能级分裂。

对光谱项 ^2S，有 $S=1/2$，$M_S=1/2$ 和 $L=0$，$M_L=0$，其引起的附加能量可以由表 6-3 求得。

表 6-3　光谱项 ^2S 与磁场相互作用引起的附加能量

M_L	M_S	M_L+2M_S	$AM_L M_S$	ΔT_{LS}	$M_J=M_L+M_S$
0	$\frac{1}{2}$	1	0	$-L$	$\frac{1}{2}\left(0+\frac{1}{2}\right)$
0	$-\frac{1}{2}$	-1	0	L	$-\frac{1}{2}\left(0-\frac{1}{2}\right)$

对光谱项 ^2P，有 $S=1/2$，$M_S=\pm1/2$ 和 $L=0$，$M_L=1,0,-1$，其引起的附加能量由表 6-4 求得。

表 6-4　光谱项 ^2P 与磁场相互作用引起的附加能量

M_L	M_S	M_L+2M_S	$AM_L M_S$	ΔT_{LS}	$M_J=M_L+M_S$
1	$\frac{1}{2}$	2	$\frac{A}{2}$	$-2L-\frac{A}{2}$	$\frac{3}{2}\left(1+\frac{1}{2}\right)$
1	$-\frac{1}{2}$	0	$-\frac{A}{2}$	$\frac{A}{2}$	$\frac{1}{2}\left(1-\frac{1}{2}\right)$
0	$\frac{1}{2}$	1	0	$-L$	$\frac{1}{2}\left(0+\frac{1}{2}\right)$
0	$-\frac{1}{2}$	-1	0	L	$-\frac{1}{2}\left(0-\frac{1}{2}\right)$
-1	$\frac{1}{2}$	0	$-\frac{A}{2}$	$\frac{A}{2}$	$-\frac{1}{2}\left(-1+\frac{1}{2}\right)$
-1	$-\frac{1}{2}$	-2	$\frac{A}{2}$	$2L-\frac{A}{2}$	$-\frac{3}{2}\left(-1-\frac{1}{2}\right)$

根据公式 $T=T_0-(\Gamma_1+\Gamma_2)+\Delta T_{LS}$，以 $T_0-(\Gamma_1+\Gamma_2)$ 作为参考线（能级）可以绘出相应的能级分裂图，如图 6-5 所示。虽然帕邢-巴克效应中总角动量 $\boldsymbol{J}$ 已经退耦，但习惯上仍标出其角动量的磁量子数 $M_J=M_L+M_S$，用来辅助进行选择定则的判断。其选择定则为 $\Delta M_s=0$，$\Delta M_L=0(\pi)$，$\Delta M_L=\pm1(\sigma)$，括号中的内容代表偏振的分量形式。从 $M_J=M_L+$

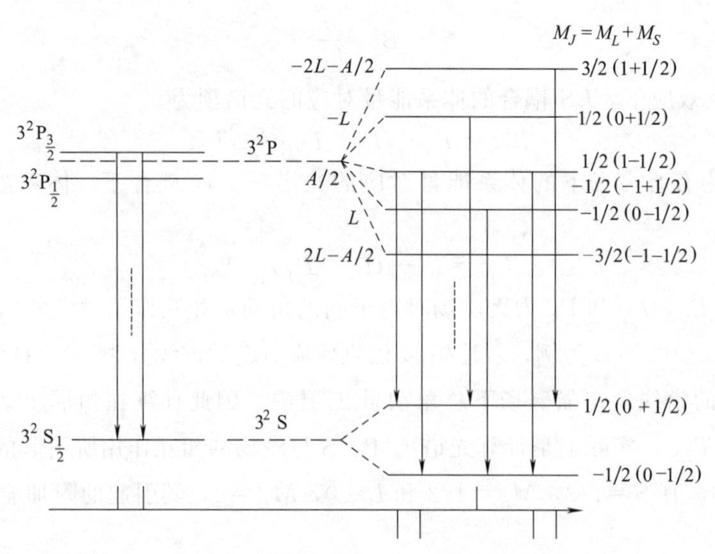

图 6-5 Na D线的帕邢-巴克跃迁图

M_S 中选择满足定则的谱线，最终可以获得 Na D线的帕邢-巴克跃迁图。

2. 完全帕邢-巴克效应

以双价电子的原子为例，如图 6-4（c）所示，随着磁场的进一步增强，磁场与电子轨道、自旋的相互作用比其电子间耦合作用强时，所有耦合都发生退耦，单电子的轨道和自旋在磁场中空间量子化，即各电子的轨道角动量和自旋角动量都分别绕磁场强度 $\boldsymbol{H}$ 进动。这时角动量间耦合能量仅作为进一步的修正。该磁场称为极强磁场。磁场和原子相互作用的附加能量可表达为 $\Delta T=\Delta T_1+\Delta T_2$，其中

$$\Delta T_1=-[m_{l_1}+m_{l_2}+2(m_{s_1}+m_{s_2})]L$$

上式为各电子的轨道角动量和自旋角动量与磁场的相互作用能。

$$\begin{aligned}\Delta T_2&=-(\overline{\Gamma}_1+\overline{\Gamma}_2+\overline{\Gamma}_3+\overline{\Gamma}_4)\\&=-(a_1m_{s_1}m_{s_2}+a_2m_{l_1}m_{l_2}+a_3m_{l_1}m_{s_1}+a_4m_{l_2}m_{s_2})\end{aligned}$$

上式为各电子的角动量间耦合作用能。

极强磁场下原子的原有耦合形式仅在 ΔT_2 中略显优势，即原耦合为 LS 耦合时，$\overline{\Gamma}_1+\overline{\Gamma}_2\gg\overline{\Gamma}_3+\overline{\Gamma}_4$；原耦合为 jj 耦合时，$\overline{\Gamma}_3+\overline{\Gamma}_4\gg\overline{\Gamma}_1+\overline{\Gamma}_2$。同一组态的两种耦合形式在极强磁场下，其能级分布基本一致，只是略有区别。

极强磁场下原子的体系能量为 $T=T_0+\Delta T$，其中 T_0 是中心力场近似下的能量。对两个电子的组态而言，跃迁的选择定则为 $\Delta m_{s_1}=0$，$\Delta m_{s_2}=0$，$\Delta m_{l_1}=0$，$\Delta m_{l_2}=0(\pi)$，$\pm1(\sigma)$ 或 $\Delta m_{l_2}=0$，$\Delta m_{l_1}=0(\pi)$，$\pm1(\sigma)$。

第二节 电场中的原子光谱

最早发现电场对原子能级有影响的人是德国科学家约翰尼斯·斯塔克（1874－1957），将其称为斯塔克效应。原子的斯塔克效应不仅可以在外电场下发生，也可以在周围粒子产生的电场中发生，甚至可以在晶体、液体中发生。1913 年斯塔克在 10^7 V/m 的电场下对 H_α 谱线进行了观测，当垂直于电场方向观测时，发现了一些成分的电矢量平行于电场的平面振

动和另一些垂直于电场的平面振动，即 π 和 σ 分量。下面讨论电场下的斯塔克效应。

一、电场中原子体系的能量

在电场中，原子体系的哈密顿量为 $\hat{H}=\hat{H}_0+\hat{H}'$，其中 $\hat{H}_0$ 是无外场时有心力场近似下的哈密顿量，$\hat{H}'$是原子与静电场间的相互作用能，即

$$\hat{H}'=-\boldsymbol{P}\cdot\boldsymbol{E}=\boldsymbol{E}\cdot\sum e\boldsymbol{r}_i$$

$$\boldsymbol{P}=-\sum e\boldsymbol{r}_i$$

式中，$\boldsymbol{P}$ 为原子的电偶极矩；$\boldsymbol{r}_i$ 为原子中第 i 个电子的坐标。

当 $\hat{H}'\ll\hat{H}_0$ 时，以 $\psi=\left|n\right\rangle$为零级近似波函数，采用量子力学方法可以得到附加能量 E_{stark} 的不同微扰项，其能量精度不同，斯塔克效应的影响也不同。设外电场的方向为 z 方向，则有

$$E_{\text{stark}}^{(1)}=eE\left\langle n\left|\sum z_i\right|n\right\rangle \tag{6-8}$$

$$E_{\text{stark}}^{(2)}=e^2E^2\sum\frac{\left\langle n\left|\sum z_i\right|k\right\rangle\left\langle k\sum z_i\left|n\right.\right\rangle}{E_n^{(0)}-E_k^{(0)}} \tag{6-9}$$

……

这样得到电场下原子体系的能量为

$$\begin{aligned}E_{nl}&=E^{(0)}+E_{\text{stark}}\\&=E^{(0)}+AE+BE^2+CE^3\\&=E^{(0)}+\Delta E_{\text{stark}}\end{aligned}$$

$$\Delta E_{\text{stark}}=\sum_K A_K E^K$$

式中，K 为斯塔克效应的级。当 $K=1$ 时为一级斯塔克效应，当 $K=2$ 时为二级斯塔克效应，依此类推。由式（6-8）、式（6-9）可以看出，一级斯塔克效应是由电偶极矩引起的，二级斯塔克效应是由感生电偶极矩引起的。不是所有原子都有 $K=1,2,3,\cdots$级斯塔克效应。只有具有固有电偶极矩的原子才具有一级斯塔克效应，即只有氢原子具有一级斯塔克效应。

二、电场中的原子光谱结构

这里以氢原子的 H_α 谱线为例，讨论其在电场下的光谱结构。

1. H_α 谱线的一级斯塔克效应

一级斯塔克效应引起的能级修正为

$$\Delta E_{\text{statk}}^{(1)}=eE\left\langle\psi_{njm}\left|z\right|\psi_{njm}\right\rangle$$

$$z=r\cos\theta$$

采用抛物线坐标系求解，得

$$\Delta E_{\text{statk}}^{(1)}=\frac{3\hbar^2}{2m_e e}En(n_1-n_2)$$

$$n=n_1+n_2+m_l+1$$

$$m_l=0,\pm1,\pm2,\cdots,\pm(n-1)$$

式中，n_1，n_2 为抛物线量子数，取值为 $n_1=0,1,2,\cdots,n-1$；$n_2=0,1,2,\cdots,n-1$。

对应的光谱项为

$$\Delta T_{\mathrm{stark}}^{(1)}=\frac{3h}{8\pi^2 m_e ec}En(n_2-n_1)$$
$$=Cn(n_2-n_1)$$

式中

$$C=\frac{3h}{8\pi^2 m_e ec}E$$

2. H_α 谱线在一级斯塔克效应下的能级分布

H_α 谱线是氢原子由 $n=3$ 跃迁到 $n=2$ 能级发出的谱线，利用表 6-5 可以计算出一级斯塔克效应引起的附加能量 ΔT。

表 6-5　H_α 谱线在一级斯塔克效应下引起的附加能量

n	n_1	n_2	m_l	$\Delta T=Cn(n_2-n_1)$	$m_j=m_l\pm m_s$
2	0	0	1	0	$\frac{3}{2},\frac{1}{2}$
	0	1	0	2C	$\pm\frac{1}{2}$
	1	0	0	−2C	$\pm\frac{1}{2}$
	1	1	−1	0	$-\frac{3}{2},-\frac{1}{2}$
3	0	0	2	0	$\frac{5}{2},\frac{3}{2}$
	0	1	1	3C	$\frac{3}{2},\frac{1}{2}$
	0	2	0	6C	$\pm\frac{1}{2}$
	1	0	1	−3C	$\frac{3}{2},\frac{1}{2}$
	1	1	0	0	$\pm\frac{1}{2}$
	1	2	−1	3C	$-\frac{3}{2},-\frac{1}{2}$
	2	0	0	−6C	$\pm\frac{1}{2}$
	2	1	−1	−3C	$-\frac{1}{2},-\frac{3}{2}$
	2	2	2	0	$-\frac{5}{2},-\frac{3}{2}$

令 $\Lambda=|m_l|$，从能级计算可看出 Λ 是二度简并的。从矢量模型理解，一级斯塔克效应引起的附加能量可以表达为 $\Delta E=-\boldsymbol{P}\cdot\boldsymbol{E}$，其中 $\boldsymbol{P}$ 为电偶极矩，其与总角动量 $\boldsymbol{J}$ 的取向无关，即 $\pm m_j$ 对应的 $\boldsymbol{P}$ 不变。

由选择定则 $\Delta m_s=0$，$\Delta m_l=0(\pi)$，$\Delta m_l=\pm1(\sigma)$ 或 $\Delta m_j=0(\pi)$，$\Delta m_j=\pm1(\sigma)$ 可以绘出 H_α 谱线在一级斯塔克效应下的能级跃迁图，如图 6-6 所示。

3. 氢原子的高级斯塔克效应

当电场强度超过 10^7 V/m 时，可以观察到氢原子的二级斯塔克效应；当电场强度超过 4×10^7 V/m 时，可以观察到氢原子的三级斯塔克效应。斯塔克效应引起的能级改变用光谱

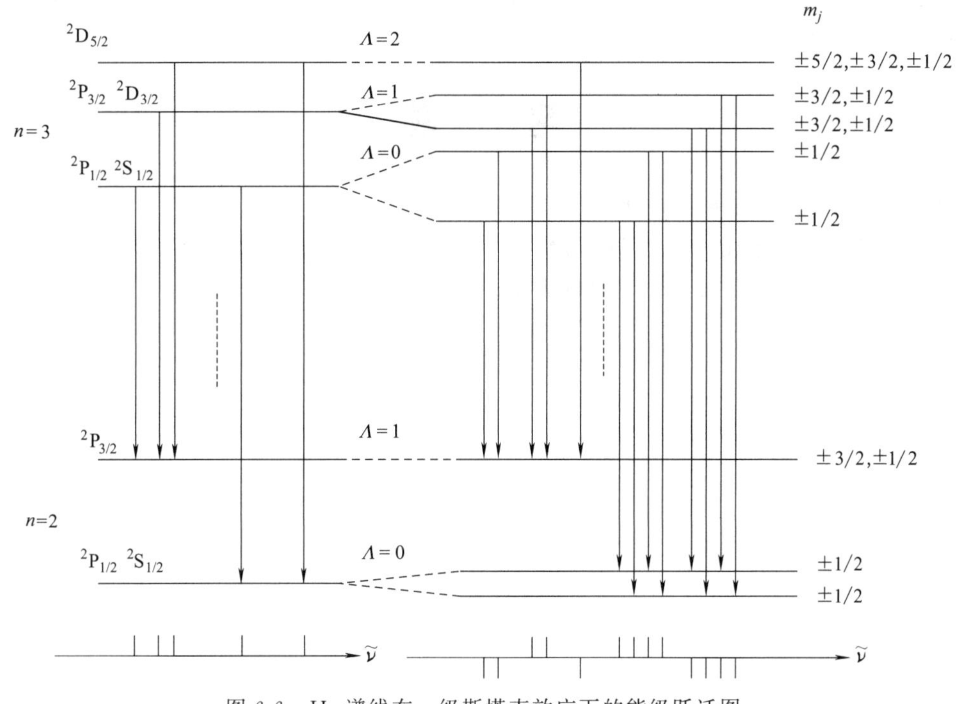

图 6-6　H_α 谱线在一级斯塔克效应下的能级跃迁图

项值可表示为

$$\Delta T_{\text{stark}}=AE+BE^2+CE^3$$

式中

$$A=\frac{3h}{8\pi^2 m_e ec}n(n_2-n_1)$$

$$B=\frac{h^3}{2^{10}\pi^6 m_e^3 e^6 c}\quad n^4\left[17n^2-3(n_2-n_1)-9m_l^2+19\right]$$

$$C=\frac{3h^{19}}{2^{15}\pi^{10} m_e^5 e^{11} c}\quad n^7\left[23n^2-(n_2-n_1)^2+11m_l+39\right]$$

三、强电场中的斯塔克效应

前面讨论的仅是弱电场中的斯塔克效应，即外加电场强度不足以破坏原子原有的耦合形式的情况。当电场强度增加，原子与静电场的相互作用能量比原来耦合形式能量大时，原子原有的耦合形式被破坏，这时的电场为强电场，以两个价电子的原子为例，在强电场下体系能量的光谱项值变为

$$T_{LS}=T_0-(\Gamma_1+\Gamma_2)+\Delta T_{LS}$$

$$T_{jj}=T_0-(\Gamma_3+\Gamma_4)+\Delta T_{jj}$$

以两级斯塔克效应为例，其中的

$$\Delta T_{LS}^{(2)}=\frac{h^3E^2}{2^{10}\pi^6 m_e{}^3 e^6 c}\quad n^4\left[17n^2-3(n_2-n_1)-9m_l^2+19\right]-AM_LM_S$$

$$\Delta T_{jj}^{(2)}=\frac{h^3E^2}{2^{10}\pi^6 m_e^3 e^6 c}\quad n^4\left[17n^2-3(n_2-n_1)-9m_l^2+19\right]-Bm_{j_1}m_{j_2}$$

在电场中，光谱结构 σ、π 不像塞曼光谱那样有规律。稳定场下光谱结构较易分析，非稳定场下光谱结构容易发生变化。

习　题

6-1　画出 Na D 线在极强磁场下的能级图。

6-2　绘出量子力学理论下的 H_α 谱线在弱磁场、强磁场和极强磁场下的能级图。

6-3　画出 H_α 谱线在强电场下的能级图。

第七章　辐射跃迁的谱线强度和线宽

第一节　辐射跃迁的谱线强度

原子辐射存在三个基本过程：受激吸收、受激辐射和自发辐射，这三个过程在原子体系中同时发生。爱因斯坦用统计力学方法推导出了三个过程间的跃迁概率关系。量子力学已证明了三个过程中，原子辐射为自发辐射时

$$I_{mn}^{自}=\frac{64\pi^2\nu_{mn}^4}{3c^2}N_m\left|P_{mn}\right|^2$$

受激辐射时
$$I_{mn}^{受}=\frac{8\pi^2\nu_{mn}}{3h}\rho(\nu_{mn})N_m\left|P_{mn}\right|^2$$

受激吸收时
$$I_{nm}^{吸}=\frac{8\pi^2\nu_{nm}}{3h}\rho(\nu_{nm})N_n\left|P_{nm}\right|^2$$

式中，$\rho(\nu_{mn})$和$\rho(\nu_{nm})$为激发光的单位带宽辐射能量密度。

$$P_{mn}=\langle m\left|\boldsymbol{P}\right|n\rangle$$

对于原子发射光谱，其强度

$$I=\frac{64\pi^2\nu_{mn}^4}{3c^2}N_m\left|P_{mn}\right|^2$$

考虑到激发光源特性，在能级上粒子数的分布服从波耳兹曼分布

$$N_m=g_m e^{\frac{-E_m}{KT}}$$

$$g_m=2J+1$$

最终有
$$I_{mn}=\frac{64\pi^2\nu_{mn}^4}{3c^2}(2J+1)e^{\frac{-E_m}{KT}}\left|P_{mn}\right|^2$$

由于谱线的绝对强度在实验室中很难获得，实际中常采用相对强度。就相对强度而言，在光谱实验室中，有两种概念：一是研究的谱线为粗结构，则谱线强度是一条光谱线的强度；二是研究的谱线为精细结构，其每条光谱线强度相对于粗结构可视为分量，也可以定义为谱线相对强度。1925 年 Kronig Russel Somerfeld Honl 采用量子力学等的原理，给出了相

对强度的一般规则，具体如下。

一、不涉及自旋与轨道耦合的情况

$\Delta L = L-1 \to L = -1$

$$I=\frac{C(l+L+L_0+1)(l+L+L_0)(l+L-L_0)(l+L-L_0-1)}{L}$$

$\Delta L = L \to L = 0$

$$I=-\frac{C(l+L+L_0+1)(l+L_0-L)(l+L-L_0)(l-L-L_0-1)(2L+1)}{L(L+1)}$$

$\Delta L = L+1 \to L = 1$

$$I=\frac{C(l-L+L_0)(l+L_0-L-1)(l-L-L_0-1)(l-L-L_0-2)}{L+1}$$

二、涉及自旋与轨道耦合的情况

(1) $\Delta L = -1$

$\Delta J = -1$，$J-1 \to J$

$$I=\frac{B(L+J+S+1)(L+J+S)(L+J-S)(L+J-S-1)}{J}$$

$\Delta J = 0$，$J \to J$

$$I=\frac{-B(L+J+S+1)(L-J+S)(L+J-S)(L-J-S-1)(2J+1)}{J(J+1)}$$

$\Delta J = 1$，$J+1 \to J$

$$I=\frac{B(L-J+S)(L-J+S-1)(L-J-S-1)(L-J-S-2)}{J+1}$$

(2) $\Delta L = 1$

$\Delta J = J-1 \to J = -1$

$$I=-\frac{A(L+J+S+1)(L+J-S)(L-J+S+1)(L-J-S)}{J}$$

$\Delta J = J \to J = 0$

$$I=\frac{A[L(L+1)+J(J+1)+S(S+1)]^2(2J+1)}{J(J+1)}$$

$\Delta J = J+1 \to J = 1$

$$I=\frac{-A(L+J+S+2)(L+J-S+1)(L-J+S)(L-J-S-1)}{J+1}$$

式中，A、B、C 为常数；L、S、J 为光谱项符号中对应的量子数取值；L_0 为跃迁前后的两个电子组态共同的源项轨道量子数；l 为电子组态由 $l-1 \to l$ 跃迁所对应的轨道量子数。

例如，原子由电子组态 dp→dd 跃迁时，三重态的各能级跃迁相对强度分布情况。这两个电子组态的共同源项轨道为 d 态，即 $L_0=2$。原子是 p→d 态发生跃迁，所以 $l=2$。dd 电子组态的三重态光谱项为^3S、^3P、^3D、^3F、^3G；dp 电子组态的光谱项为^3P、^3D、^3F。表 7-1 为不涉及自旋与轨道耦合时的各能级跃迁相对强度，表 7-2 为涉及自旋与轨道耦合时的$^3P \to {}^3D$ 跃迁谱线的精细结构相对强度。由这两个表可以看到谱线强度符合碱金属中介绍过的强度和定则，即从一个共同的始能级产生的这些谱线的强度和正比于这个能级的量子权重（$2L+1$

或 $2J+1$）；从一个共同的终止能级产生的这些谱线的强度和正比于该能级的量子权重（$2L+1$ 或 $2J+1$）。由此可见，在原子光谱学中强度和定则可由相对强度公式推出。

表 7-1　不涉及自旋与轨道耦合时 dp→dd 跃迁的各谱线相对强度

dp	dd					$\sum I$	$2L+1$
	^3S	^3P	^3D	^3F	^3G		
^3P	24	54	42	0	0	120	3
^3D	0	18	70	112	0	200	5
^3F	0	0	8	56	216	280	7
$\sum I$	24	72	120	168	216		
$2L+1$	1	3	5	7	9		

表 7-2　dp→dd 跃迁中的 $^3P\to{}^3D$ 跃迁谱线精细结构相对强度

^3P	^3D			$\sum I$	$2J+1$
	$^3D_3$	$^3D_2$	$^3D_1$		
$^3P_2$	168	30	2	200	5
$^3P_1$	0	90	30	120	3
$^3P_0$	0	0	40	40	1
$\sum I$	168	120	72		
$2J+1$	7	5	3		

第二节　辐射跃迁的谱线宽度

在原子跃迁过程中，即使在最佳的观测条件下，谱线也不是无限窄，也不能仅在波长坐标上占据一个几何位置。实验证明，探测到的谱线具有一定宽度，并且强度随频率分布有一个极大值，即原子辐射产生的谱线总是具有一定的频率分布。谱线的宽度通常用半峰全宽（FWHM）来表示，即谱线最大强度一半处对应的全宽度。引起谱线宽度的机制有多种，主要的机制为自然宽度、碰撞展宽和多普勒展宽。本节将分别介绍这三种机制。

一、自然宽度

位于激发态的原子具有一定的寿命，要经过一定的时间后才回到基态，这个时间用激发态的平均寿命 τ 表征。τ 和相应能级的宽度 ΔE 之间的关系遵守量子力学的测不准原理。

$$\tau\Delta E=\hbar$$

激发态的平均寿命表示能量具有不确定性，因此原子的能级不是无限窄的，能级实际是能量分布极大值的位置，能级的这种宽度为自然宽度，记为 ΔE_N。原子跃迁时上、下能级都有一定的宽度，造成辐射的谱线具有一定的宽度，这个宽度称为自然线宽，记为 $\Delta\nu_N$。根据经典辐射理论，可以推导出光谱线的强度分布呈洛伦兹线型。

$$g_L(\nu)=\frac{1}{\pi}\frac{\frac{\gamma}{2}}{4\pi^2(\nu-\nu_0)^2+\left(\frac{\gamma}{2}\right)^2}$$

式中，γ 为弛豫速率 $\gamma=1-\tau$；ν_0 为辐射的中心频率。因此，辐射的自然线宽为

$$\Delta\nu_N=\frac{1}{2\pi\tau}$$

例如，钠原子的 D_1 线为 $3^2P_{3/2} \to 3^2S_{1/2}$ 跃迁，$3^2P_{3/2}$ 的能级寿命为 $\tau = 1.6 \times 10^{-8}$s，其谱线的自然线宽为 $\Delta\nu_N = 10^7$s$=10$MHz。

二、碰撞展宽

原子的热运动使原子间、原子和器壁间不断地发生碰撞，碰撞缩短了原子在激发态上的寿命，使能级加宽，从而进一步使辐射的谱线增宽，这就是碰撞展宽。碰撞展宽的理论分析较复杂，但低气压下情况相对简单，这时原子间发生碰撞的时间远小于相邻两次碰撞的时间间隔，可认为原子在碰撞的瞬间中断了辐射，碰撞结束后继续以原频率辐射，其光谱线型可表达为

$$g_c(\nu) = \frac{1}{\pi} \frac{\frac{\gamma_c}{2}}{4\pi^2 (\nu - \nu_0)^2 + \left(\frac{\gamma_c}{2}\right)^2}$$

式中，γ_c 为碰撞衰减速率 $\gamma_c = 1/\tau_c$；τ_c 为碰撞寿命。其光谱线型为洛伦兹线型。碰撞展宽的谱线宽度为

$$\Delta\nu_c = \frac{1}{2\pi\gamma_c}$$

由于 $\tau_c \gg \tau_N$，并且低气压下 τ_c 与气压 p 成反比，所以 $\Delta\nu_c = ap$，其中 a 为比例系数。

三、多普勒展宽

若热运动的原子发出的光在原子参考坐标系里的频率为 ν_0，在实验室坐标系下的观察者所测得的光频率存在一定频移。由于原子运动速度远小于光速，实验测得的光频率可由非相对论的多普勒频移公式给出

$$\nu = \nu_0 \left(1 + \frac{\nu_z}{c}\right)$$

式中，ν_z 为原子相对探测器的运动速度。当原子相对探测器运动时，$\nu_z > 0$，测量得到的光频率大于 ν_0，称为蓝移；反之，当原子远离探测器运动时，$\nu_z < 0$，测量得到的光频率小于 ν_0，称为红移，这就是原子辐射中的多普勒效应。因此，可以观测到 $\nu > \nu_0$，$\nu = \nu_0$ 和 $\nu < \nu_0$ 的频率。频率 ν 和原子的速度 v 一一对应，最终得到的是以频率 ν_0 为中心，频带宽度为 $\Delta\nu_D$ 的谱线。热平衡时，原子密度按运动速度的分布满足玻尔兹曼分布，其线型可表达为

$$g_D(\nu) = \frac{c}{\nu_0}\sqrt{\frac{M}{2\pi kT}} e^{-\frac{Mc^2(\nu-\nu_0)^2}{2kT\nu_0^2}}$$

该线型为高斯线型，相应的线宽为

$$\Delta\nu_D = \frac{2\nu_0}{c}\sqrt{\frac{2kT}{M}\ln 2} = 7.16 \times 10^{-7} \nu_0 \sqrt{\frac{T}{A}}$$

式中，A 为原子量。

习　题

7-1　简述谱线存在自然线宽的原因。

7-2　简述谱线碰撞展宽的机制。

7-3　简述谱线多普勒展宽的形成机制。

第八章　分子光谱的理论基础

分子光谱学是研究分子与辐射相互作用的学科，内容包括分子的吸收光谱、发射光谱和拉曼光谱。通过研究其光谱，可了解分子的能量状态和能级间跃迁强度方面的信息，从而获得有关分子结构的知识。本章主要阐述双原子分子的振动光谱、转动光谱、电子光谱和拉曼光谱。

一、量子理论基础

分子光谱理论建立在量子力学的基础之上。我们所讨论的原子体系由一个原子核和绕核运动的若干电子组成，利用量子力学可求得一系列的量子状态。分子是由原子组成的，因此分子中有若干个原子核和电子。最简单的分子由两个原子构成——双原子分子。即使最简单的分子也比原子复杂得多，分子中除存在电子运动外，还存在分子平动、分子转动和核间相对振动。其中，分子平动并不能引起内部状态改变，因此决定分子内部能量状态变化的运动包括电子运动、分子振动和分子转动三种形式。当不涉及电子自旋、核自旋时，分子体系的哈密顿量 $\hat{H}$ 可表示为

$$\hat{H}=\hat{T}_{\mathrm{N}}+\hat{T}_{\mathrm{e}}+U \tag{8-1}$$

式中，$\hat{T}_{\mathrm{N}}$ 为原子核的动能；$\hat{T}_{\mathrm{e}}$ 为电子的动能；U 为电子之间、核与电子之间作用的势能。以 i 为原子核角标，k 为电子角标，则在直角坐标系下，有如下形式：

$$\hat{T}_{\mathrm{N}}=-\frac{\hbar^2}{2}\sum\frac{1}{M_i}\nabla_i^2$$

$$\hat{T}_{\mathrm{e}}=-\frac{\hbar^2}{2}\sum\frac{1}{m_{\mathrm{e}}}\nabla_k^2$$

$$U=\frac{1}{4\pi\varepsilon_0}\left(\frac{Z_{\mathrm{A}}Z_{\mathrm{B}}e^2}{r_{\mathrm{AB}}}+\sum_{k<l}\frac{e^2}{r_{kl}}-\sum_{i<k}\frac{Z_ie^2}{r_{ik}}\right) \tag{8-2}$$

式中，m 为电子质量；M 为核质量；A，B 为 A 核和 B 核；r_{AB} 为核间距；r_{kl} 为两个电子的间距；r_{ik} 为电子与核之间的距离。

在定态情况下，式(8-1) 满足薛定谔方程

$$\hat{H}\Psi=E\Psi$$

式中，E 为分子总能量；Ψ 为分子总波函数。考虑到核的运动速度比电子运动速度慢

很多，满足波恩-奥本海默近似条件

$$\frac{\partial \Psi_e}{\partial r_i}=0$$

即电子运动波函数 Ψ_e 和核波函数 Ψ_N 间无关联，Ψ_e 不随核间距 r_{AB} 变化。分子总波函数可表达为 $\Psi=\Psi_N\Psi_e$，取 $\Psi_N=\Psi_V\Psi_r$，其中，Ψ_V 为振动波函数，Ψ_r 为核转动波函数。由式(8-1)、式(8-2) 和薛定谔方程利用分离变量法可得

$$\frac{\hbar^2}{2m_e}\sum_k\left(\frac{\partial^2}{\partial x_k^2}+\frac{\partial^2}{\partial y_k^2}+\frac{\partial^2}{\partial z_k^2}\right)\Psi_e+(E_e-U)\Psi_e=0$$

$$\frac{\hbar^2}{2\mu}\times\frac{1}{r^2}\times\frac{\partial}{\partial r}\left(r^2\frac{\partial}{\partial r}\right)\Psi_V+[E_V-U(r)]\Psi_V=0$$

$$\frac{\hbar^2}{2I}\left[\frac{1}{\sin\theta}\times\frac{\partial}{\partial\theta}\left(\sin\theta\frac{\partial}{\partial\theta}\right)+\frac{1}{\sin^2\theta}\times\frac{\partial^2}{\partial\varphi^2}\right]\Psi_r+E_r\Psi_r=0 \tag{8-3}$$

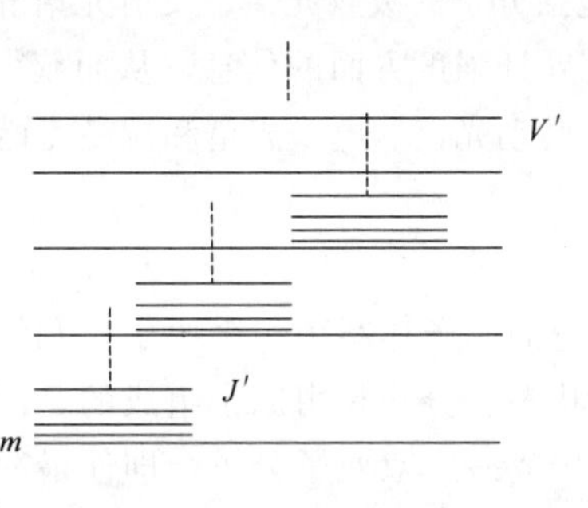

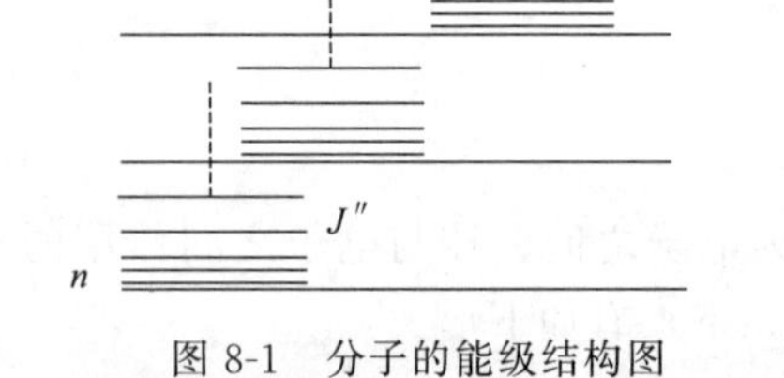

图 8-1　分子的能级结构图

式中，I 为分子的转动惯量，$I=\mu r^2$；μ 为折合质量，$\mu=\frac{M_A+M_B}{M_AM_B}$；$E_e$ 为电子能量；E_V 为振动能；E_r 为转动能。分子的总体系能量为

$$E=E_e+E_V+E_r$$

并且 $E_e>E_V>E_r$。当考虑到分子振动、分子转动、电子运动彼此间的相互作用时，还会产生附加能量

$$\Delta E=E_{eV}+E_{er}+E_{Vr}$$

利用式(8-3)，可以确定能量 E_e、E_V、E_r。当 E_e 确定后得到一系列的 E_V，根据每一个确定的 E_V 得到一系列的 E_r。分子的能级结构如图 8-1 所示，其中 m、n 表示电子上、下能级，V'、V''表示振动态能级，J'、J''表示转动态能级。

显然当电子在能级 n 和 m 间发生跃迁时，依附于其上的振动态和转动态都随着发生跃迁，形成电子连续光谱；当同一电子态上的不同振动态间发生跃迁时，其上的转动态也随着发生跃迁，形成振动-转动光谱；当同一电子态同一振动态上的两个转动态发生跃迁时，形成转动光谱。

二、分子对电磁辐射的吸收和发射

分子对电磁辐射的吸收和发射存在三种方式，即自发辐射、受激辐射、受激吸收，三者之间存在一定关系。对分子内的两个能级 m 和 n，具体的辐射强度如下

$$\left.\begin{aligned}I(\nu)&=h\nu_{mn}A_{mn}N_m\\I_{nm}&=h\nu_{nm}B_{nm}N_n\rho(\nu_{mn})\\I_{mn}&=h\nu_{mn}B_{mn}N_m\rho(\nu_{mn})\end{aligned}\right\} \tag{8-4}$$

式中，A_{mn}，B_{nm}，B_{mn} 为爱因斯坦辐射系数。$A_{mn}\propto P_{mn}$，P_{mn} 是跃迁矩阵元，m 和 n 能级的粒子数密度 N_m、N_n 都满足玻尔兹曼分布，这里不再详细介绍。

三、选择定则

从式(8-4)可看出，分子对电磁波的吸收和辐射允许产生的条件是 $P_{mn}\neq 0$。在实验中，其与电四极矩 $\boldsymbol{Q}_{mn}$ 和磁偶极矩 $\boldsymbol{\mu}_{mn}$ 都存在关系。这里主要研究电偶极辐射跃迁，即 $P_{mn}\neq 0$ 的条件。在分子中偶极矩 $\boldsymbol{P}$ 表示为

$$\boldsymbol{P}=\sum_{i}Z_{i}e\boldsymbol{r}_{i}-\sum_{k}e\boldsymbol{r}_{k} \tag{8-5}$$

在计算 $P_{mn}\neq 0$ 条件的理论推导中采用两套坐标系，即固定坐标系 x、y、z 和活动坐标系 ρ、η、ξ。$\boldsymbol{P}$ 在其坐标下的投影分别为 P_x、P_y、P_z 和 P_ρ、P_η、P_ξ。两者间关系由欧拉变换得到，即

$$P_\lambda=\sum_{\beta}C_{\lambda\beta}(\theta\varphi\chi)P_\beta$$

其中，λ 的取值为 x、y、z，β 的取值为 ρ、η、ξ。θ、φ、χ 是欧拉角，具体分量形式为

$$\begin{pmatrix}P_x\\P_y\\P_z\end{pmatrix}=\begin{bmatrix}\cos\theta\cos\varphi\cos\chi-\sin\theta\sin\varphi & -\cos\theta\cos\varphi\cos\chi-\sin\varphi\cos\chi & \sin\theta\cos\varphi\\ \cos\theta\sin\varphi\cos\chi+\cos\theta\sin\chi & -\cos\theta\sin\varphi\sin\chi+\cos\varphi\cos\chi & \sin\theta\sin\varphi\\ -\sin\theta\cos\chi & \sin\theta\sin\chi & \cos\theta\end{bmatrix}\begin{pmatrix}P_\rho\\P_\eta\\P_\xi\end{pmatrix}$$

当分子为双原子分子时，活动坐标的 ρ 轴为核轴，则令 $P=P_\rho$，$P_\xi=P_\eta=0$ 有

$$P_x=P\sin\theta\cos\varphi$$

$$P_y=\sin\theta\sin\varphi$$

$$P_z=P\cos\theta$$

$$P_x^2+P_y^2+P_z^2=P^2$$

当分子波函数取 $\left|\varphi\right\rangle=\left|nVJ\right\rangle$ 时，并将 m、n 这两个上、下电子能级用 n''、n' 表示时，选择定则为 $P_{n'n''}=\left\langle n'V'J'\left|\boldsymbol{P}\right|n''V''J''\right\rangle$，具体分析如下。

1. 电子态间的跃迁

$$P_{n'n''}=\int\boldsymbol{\Psi}'_{\mathrm{e}}(\rho r)\boldsymbol{P}_{\mathrm{e}}(\rho)\boldsymbol{\Psi}''_{\mathrm{e}}(\rho r)\,\mathrm{d}\rho$$

$$P_{n'V'n''V''}=P_{n'n''}\int\boldsymbol{\Psi}^{*}_{V'}\boldsymbol{\Psi}_{V''}\,\mathrm{d}r$$

$$P_{n'V'J'n''V''J''}=\int\boldsymbol{\Psi}'^{*}_{\mathrm{r}}(\theta)\sum_{\beta}C_{\lambda\beta}\boldsymbol{P}_{\beta}\boldsymbol{\Psi}''_{\mathrm{r}}(\theta)\,\mathrm{d}\theta \tag{8-6}$$

2. 振动态间的跃迁

$$P_{V'V''}=\int\boldsymbol{\Psi}^{*}_{V'}\boldsymbol{P}_{\mathrm{N}}(\boldsymbol{r})\boldsymbol{\Psi}_{V''}\,\mathrm{d}r$$

$$P_{V'J'V''J''}=\int\boldsymbol{\Psi}'^{*}_{\mathrm{r}}(\theta)\sum_{\beta}C_{\lambda\beta}\boldsymbol{P}_{\beta}\boldsymbol{\Psi}''_{\mathrm{r}}(\theta)\,\mathrm{d}\theta \tag{8-7}$$

3. 转动态间的跃迁

对确定的电子态和确定的振动态上的转动态之间的跃迁，有 $\boldsymbol{\Psi}'_{\mathrm{e}}=\boldsymbol{\Psi}''_{\mathrm{e}}$，$\boldsymbol{\Psi}'_{\mathrm{V}}=\boldsymbol{\Psi}''_{\mathrm{V}}$，所以有

$$P_{n'V'J'n''V''J''}=\int\boldsymbol{\Psi}'^{*}_{\mathrm{r}}\boldsymbol{P}_{n\mathrm{V}}\boldsymbol{\Psi}''_{r}\,\mathrm{d}\theta \tag{8-8}$$

上述仅讨论了偶极辐射跃迁的选择定则，而电四极矩的跃迁概率大约是偶极辐射跃迁概率的 10^{-8}，而磁偶极矩跃迁概率的贡献大约为电偶极跃迁概率的 $10^{-4}\sim10^{-5}$，所以在实验

中大多数的跃迁与电偶极辐射跃迁相对应。

另外，选择定则也可利用宇称的性质来确定。对于电偶极辐射跃迁，两状态有不同的宇称，当某些分子波函数不易写出时，对称性可显示其优点。

习　题

8-1　简述分子的运动形式。

8-2　解释分子电子光谱为带状连续光谱的原因。

8-3　根据玻恩-奥本海默近似，分子波函数可以表达为（　　）。

A. $\psi=\psi_e+\psi_V+\psi_r$　　B. $\psi=\psi_e\psi_V\psi_r$

C. $\psi=\psi_e(\psi_V+\psi_r)$　　D. $\psi=(\psi_e+\psi_V)\psi_r$

8-4　分子的电子运动能 E_e、分子振动能 E_V 和分子转动能 E_r 的大小关系是（　　）。

A. $E_e>E_V>E_r$　　B. $E_e<E_V<E_r$

C. $E_V>E_e>E_r$　　D. $E_r>E_V>E_e$

第九章　双原子分子的转动及其光谱

分子的内部运动主要是电子相对核的运动、分子核间的振动、分子绕质心的转动。在室温下，一般分子的电子态、振动态都处于最低的能量状态，当外场是微波和远红外光时，其能量 $h\nu$ 较小，不足以使分子的电子态、振动态激发，而只有转动态被激发，此时研究的光谱就是转动光谱。

第一节　刚性转子及其光谱

一、刚性转子模型

双原子分子转动的最简单模型是刚性转子模型，其模型如图 9-1 所示。质量为 M_1 和 M_2 的原子核被一个不可伸长的无质量的刚性杆连接。两个原子的质量集中在原子核上，可以按质点来进行处理，利用几何关系 $r_e=r_1+r_2$ 和平衡条件 $M_1r_1=M_2r_2$，可以将其等效为一个质量为 μ 的质点由长为 r_e 的刚性杆连接在 O 点上，绕固定点 O 转动。其中

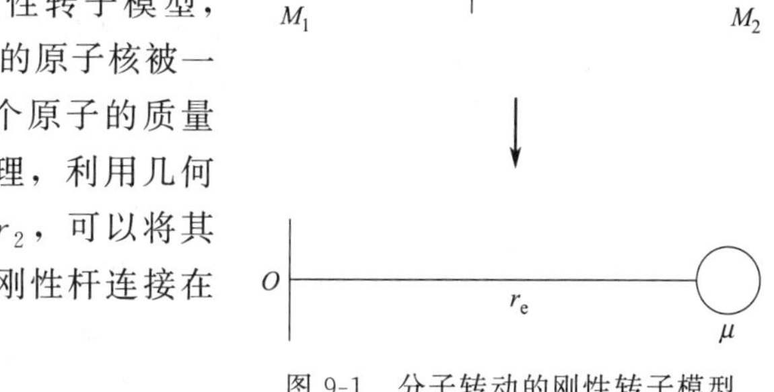

图 9-1　分子转动的刚性转子模型

$$\mu=\frac{M_1M_2}{M_1+M_2}$$

μ 为折合质量，该系统的转动惯量为 $I=\mu r_e^2$。

二、能量与波函数

通过等效模型可以得到转动体系的薛定谔方程 $\hat{H}\Psi_r=E\Psi_r$，其中

$$\hat{H}=\frac{\hat{L}^2}{2I}=-\frac{\hbar^2}{2I}\left[\frac{1}{\sin\theta}\times\frac{\partial}{\partial\theta}\left(\sin\theta\,\frac{\partial}{\partial\theta}\right)+\frac{1}{\sin^2\theta}\times\frac{\partial^2}{\partial^2\varphi}\right]$$

式中，$\hat{L}$ 为角动量算符；I 为转动惯量，$I=\mu r_e^2$。代入薛定谔方程，得

$$\frac{\hbar^2}{2I}\left[\frac{1}{\sin\theta}\times\frac{\partial}{\partial\theta}\left(\sin\theta\,\frac{\partial}{\partial\theta}\right)+\frac{1}{\sin^2\theta}\times\frac{\partial^2}{\partial^2\varphi}\right]\Psi_r+E_r\Psi_r=0 \tag{9-1}$$

求解，得

$$E_r=\frac{\hbar^2}{2I}J(J+1)=\frac{\hbar^2}{2\mu r^2}J(J+1)$$

$$\Psi_r=N_{J|M|}P_J^{|M|}\cos\theta e^{im\varphi} \tag{9-2}$$

式中，J 为转动量子数，$J=0,1,2,3\cdots$；M 为磁量子数，$M=0,\pm1,\pm2,\cdots,\pm J$。取

$$B=\frac{h}{8\pi\mu r^2 c}$$

B 为转动常数，则式(9-2) 化为

$$E_r=hcBJ(J+1) \tag{9-3}$$

引入转动光谱项 $F(J)$，有

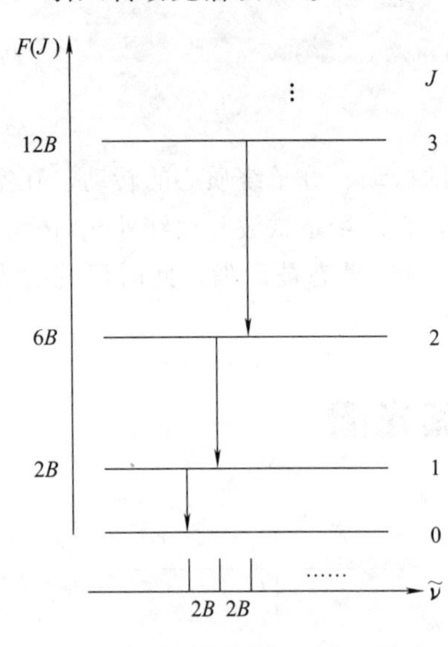

图 9-2 刚性转子模型下的双原子分子转动能级分布

$$F(J)=\frac{E_r}{hc}=BJ(J+1)$$

在国际单位制下，转动光谱项单位为 m^{-1}。用光谱项表示刚性转子模型下分子的相邻转动能级间隔，有

$$\Delta F(J)=F(J+1)-F(J)=2B(J+1)$$

显然，随转动量子数 J 的增大，相邻能级间隔 $\Delta F(J)$增大，其能级分布如图 9-2 所示。

三、光谱结构

由上一章选择定则的讨论可知，偶极矩阵元在 $P_{mn}\neq0$ 的条件下才能产生光谱。对于转动能级间的跃迁，首先要求分子具有固有电偶极矩。双原子分子中只有异核双原子分子才具有固有电偶极矩，从而具有转动光谱。没有固有电偶极矩的双原子分子（同核双原子分子）不存在转动光谱。

根据两个转动态间的选择定则

$$P_{J'J''}=\langle J'M'|\boldsymbol{P}_N|J''M''\rangle$$

式中，$\boldsymbol{P}_N=\sum Z_i e\boldsymbol{r}_i$ 为原子核的电偶极矩。$P_{J'J''}\neq0$ 的条件为

$$\Delta J=\pm1$$

$$\Delta M=0,\pm1$$

如图 9-2 所示，两个转动态间的跃迁，其辐射或吸收的频率为

$$\tilde{\nu}=F(J')-F(J'')=2B(J+1) \tag{9-4}$$

由式(9-4) 可算出在刚性模型下，相邻转动光谱间隔为常数，$\Delta\tilde{\nu}=2B$，所以刚性转子模型下的转动光谱具有等间隔光谱结构。

四、应用举例

表 9-1 是利用吸收光谱测得的 HF 分子的转动光谱数据，可看出：双原子分子的转动光谱在微波和远红外区，因此常把分子的远红外谱称为转动光谱，并将异核双原子分子称为红外活性分子，将同核双原子分子称为非红外活性分子。从表 9-1 数据可看出，相邻谱线间隔 $\Delta\tilde{\nu}\neq2B$，而是随 J 的增大而变小，这种情况说明刚性转子模型有局限性，仅适用于 J 较小的情况。为此对刚性转子模型进行修正，提出了非刚性转子模型。

表 9-1　HF 分子的转动光谱数据

J	$\tilde{\nu}/m^{-1}$	$\Delta\tilde{\nu}/m^{-1}$	J	$\tilde{\nu}/m^{-1}$	$\Delta\tilde{\nu}/m^{-1}$
0	4108		9	40282	3889
1	8219	4111	10	44113	3831
2	12315	4096	11	47894	3781
3	16400	4085	12	51620	3726
4	20462	4062	13	55285	3665
5	24436	4031	14	58882	3597
6	28501	3964	15	62409	3525
7	32465	3928	16	65854	3447
8	36393				

第二节　非刚性转子模型及其光谱

在 HF 的实验数据中，发现刚性转子模型存在局限性和不真实性，其原因在于假设原子核间距 r 是不可伸长的。实际上当分子绕质心转动时，J 增大代表着角动量增加，即转动速度增大，这样在静止核间距 r_e 基础上会有一伸长量 Δr。考虑该因素后，分子的转动模型变为非刚性转子模型。

一、非刚性转子模型

该模型与刚性转子模型的不同之处为两原子核用一个可伸长的、但无质量的弹性杆连接，其余内容与图 9-2 所示的刚性转子模型相同，最终等效为一个质量为 μ 的质点由长为 r 的弹性杆连接在 O 点上，绕固定点 O 转动。

二、体系的能量和波函数

非刚性转子模型下的体系哈密顿量为

$$\hat{H}=\frac{\hat{L}^2}{2I}+U(r) \tag{9-5}$$

$$U(r)=\frac{1}{2}k(r-r_e)^2$$

式中，k 为劲度系数，这里称为分子的力常数；r_e 为静止时弹性杆的长度。

薛定谔方程为

$$\hat{H}\Psi_r=E\Psi_r$$

令

$$\hat{H}=\hat{H}_0+\hat{H}'$$

$$\hat{H}_0=\frac{\hat{L}^2}{2I_e}$$

$$I_e=\mu r_e^2$$

式中，$\hat{H}_0$ 为刚性转子模型下的哈密顿量。$\hat{H}'$可视为微扰项，下面介绍利用变换法对其进行求解。

① 先对$U(r)$ 进行变换，利用角动量将（$r-r_e$）进行替代。以经典力学角度设分子转动角速度为ω，则离心力

$$F_1=\mu r\omega^2=\frac{I^2\omega^2}{\mu r^3}$$

其恢复力为$F_2=k(r-r_e)$。当保持平衡时有$F_1=F_2$，所以得到

$$r-r_e=\frac{L^2}{\mu k r^3}$$

则式(9-5) 变为

$$\hat{H}=\frac{\hat{L}^2}{2I}+\frac{\hat{L}^4}{2\mu^2 k r^6}$$

② 当$r\rightarrow r_e+\Delta r$ 时，Δr 变化很小，即$\frac{r-r_e}{r_e}\ll 1$，这样可对$\frac{1}{I}$进行以下近似

$$\frac{1}{I}=\frac{1}{\mu r^2}=\frac{1}{\mu r_e^2}\times\frac{1}{\left(1+\frac{r-r_e}{r_e}\right)^2}$$

$$\approx\frac{1}{I_e}\left(1-\frac{2L^2}{k r_e r I}+\frac{3L^4}{k^2 r_e^2 r^2 I^2}\right)$$

利用$I_e=\mu r_e^2$，$r\approx r_e$，整理得

$$\hat{H}=\frac{\hat{L}^2}{2I_e}-\frac{\hat{L}^4}{2k r_e^2 I_e^2}+\frac{3\hat{L}^6}{2k^2 r_e^4 I_e{}^2} \tag{9-6}$$

根据薛定谔方程$\hat{H}_0\Psi_{JM}=E_r\Psi_{JM}$，可知$\hat{H}_0$、$\hat{L}$ 具有共同的本征波函数Ψ_{JM}，即

$$\hat{L}\Psi_{JM}=\sqrt{J(J+1)}\hbar\Psi_{JM}$$

根据微扰论，一级近似下有$\hat{H}\Psi_{JM}=E_r\Psi_{JM}$，其中$\Psi_{JM}$是刚性转子模型波函数，求得

$$E_r=\frac{J(J+1)\hbar^2}{2I_e}-\frac{J^2(J+1)^2\hbar^4}{2kI_e{}^2 r_e^2}+\frac{3J^3(J+1)^3\hbar^6}{2k^2 I_e^3 r_e^4}$$

$$=\left[B_e J(J+1)-D_e J^2(J+1)^2+H_e J^3(J+1)^3\right]hc \tag{9-7}$$

式中

$$B_e=\frac{h}{8\pi^2 I_e c}$$

$$D_e=\frac{h^3}{32\pi^4 k I_e^2 r_e^2 c}$$

$$H_e=\frac{3h^6}{128\pi^6 k^2 I_e^3 r_e^4 c}$$

相应的转动光谱项为

$$F(J)=B_e J(J+1)-D_e J^2(J+1)^2+H_e J^3(J+1)^3 \tag{9-8}$$

一般取

$$F(J)=B_eJ(J+1)-D_eJ^2(J+1)^2 \quad (9\text{-}9)$$

式中，B_e 为刚性转动系数；D_e 为非刚性转动系数。常用式(9-9）的光谱项表示非刚性转子模型下的能量。

三、光谱结构

由式(9-9）可得，非刚性转子模型下的转动能级相邻间隔为

$$\Delta F(J)=F(J+1)-F(J)=2B_e(J+1)-4D_e(J+1)^3 \quad (9\text{-}10)$$

其能级分布如图 9-3 所示，图中的实线为刚性转子模型下的能级分布，虚线为非刚性转子模型下的能级分布。

非刚性转子模型下的转动能级跃迁选择定则与刚性转子模型一样，为

$$\Delta J=\pm 1，\Delta M=0，\pm 1$$

其跃迁谱线可表达为

$$\begin{aligned}\tilde{\nu}&=F(J+1)-F(J)\\&=2B_e(J+1)-4D_e(J+1)^3\end{aligned} \quad (9\text{-}11)$$

相邻谱线的波数间隔为

$$\Delta\tilde{\nu}=2B_e-4D_e(3J^2+9J+7) \quad (9\text{-}12)$$

转动结构的相邻谱线间距 $\Delta\tilde{\nu}$ 随转动量子数 J 增大而减小，与实际测量规律相一致。

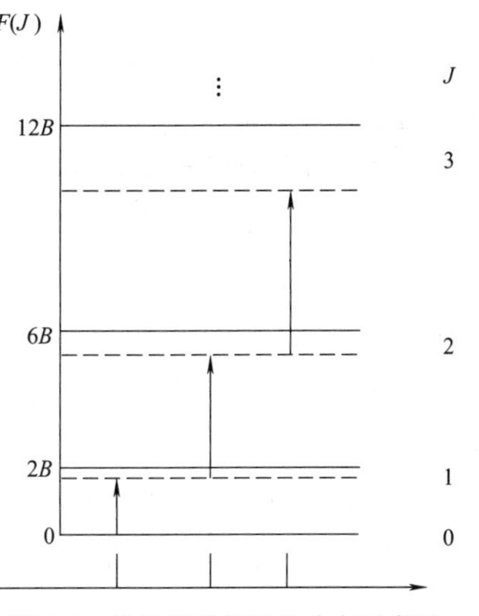

图 9-3　分子转动能级的分布示意图

四、应用举例

下面以 HCl 分子的转动光谱数据为例，介绍利用转动光谱实验数据确定双原子分子的转动系数 B_e、D_e 及核间距 r_e 的方法。

表 9-2 的第二列为利用红外吸收光谱法测得的 HCl 分子远红外吸收光谱的波数，单位为 m^{-1}。数据处理方法如下：

表 9-2　HCl 分子的转动光谱数据

J	实验值 $\tilde{\nu}/m^{-1}$	实验值 $\Delta\tilde{\nu}/m^{-1}$	计算值 $\tilde{\nu}$(刚性转子)$/m^{-1}$	实验值 $\tilde{\nu}$(非刚性转子)$/m^{-1}$
0			2068	2079
1			4136	4157
2			6204	6233
3	8303	2107	8272	8306
4	10410	2020	10340	10375
5	12430	2073	12408	12439
6	14503	2048	14400	14448
7	16551	2035	16544	16550
8	18586	2052	18612	18594
9	20638	2012	20680	20632
10	22650		22748	22655

1. 利用刚性转子模型，确定测得的谱线 $\widetilde{\nu}$ 所对应的跃迁能级 J 值

一般选择 $\widetilde{\nu}$ 波数小的几个值，例如取前 4 个，计算其相邻谱线间隔 $\Delta\widetilde{\nu}_1$、$\Delta\widetilde{\nu}_2$、$\Delta\widetilde{\nu}_3$，由 $\Delta\widetilde{\nu}=2B$，可以求得

$$2B=\frac{\Delta\widetilde{\nu}_1+\Delta\widetilde{\nu}_2+\Delta\widetilde{\nu}_3}{3}=2067\text{m}^{-1}$$

然后将 $\widetilde{\nu}=2B(J+1)$ 代入实验测得的谱线波数 $\widetilde{\nu}_{实}$，可以确定谱线对应的转动量子数

$$J=\frac{\widetilde{\nu}_{实}}{2B}-1$$

例如，将 $\widetilde{\nu}_{实}=8303\text{m}^{-1}$ 代入，可以得其对应的转动量子数为 $J=3$。表 9-2 的第一列为相应的计算结果。

2. 利用非刚性转子模型确定 $\boldsymbol{B_e}$、$\boldsymbol{D_e}$、$\boldsymbol{r_e}$

首先，确定非刚性转子系数 D_e。选择 $\Delta\widetilde{\nu}$ 中两组值，要求选取的值尽量接近刚性转子模型计算得到的 $2B=2067\text{m}^{-1}$ 值。本例中选取了 $\Delta\widetilde{\nu}_1=2073\text{m}^{-1}$ 和 $\Delta\widetilde{\nu}_2=2052\text{m}^{-1}$，其对应的量子数分别为 $J=5$ 和 $J=8$。将其代入式（9-12），两组数据联立可以确定$D_e=0.04\text{m}^{-1}$。

其次，确定刚性转子系数 B_e。选择两组 $\Delta\widetilde{\nu}$ 值，要求其中一组和刚性转子模型计算得到的 $2B$ 相差最小，另一组和 $2B$ 相差最大。本例中选取的数据为 $\Delta\widetilde{\nu}_1=2073\text{m}^{-1}$ 和 $\Delta\widetilde{\nu}_2=2012\text{m}^{-1}$，其对应的量子数分别为 $J=5$ 和 $J=9$。将 $D_e=0.04\text{m}^{-1}$ 和这两组数据分别代入式（9-12），可以得到两个 B_e 值，取平均值得到 $B_e=1040\text{m}^{-1}$。

最后，由

$$B_e=\frac{h}{8\pi^2\mu r_e^2 c}$$

来确定 r_e，代入前面得到的 B_e 值，解得 $r_e=1.29\times10^{-10}\text{m}$。

第三节　双原子分子转动光谱的吸收谱强度

一、转动能级的热分布

在热平衡条件下，转动能级上粒子数密度分布直接关系到吸收谱的强度。在热平衡条件下，各能态上粒子分布服从玻尔兹曼分布定律，即

$$N_J=g_J e^{\frac{-E_r(J)}{KT}} \tag{9-13}$$

式中，g_J 为能级统计权重，在转动能级中 $g_J=2J+1$。设 $J=0$ 的分子数为 N_0，有

$$N_0=e^{\frac{-E_r(0)}{KT}}$$

设能级 J 上的粒子数为 N_J，则

$$N_J=(2J+1)e^{\frac{-E_r(J)}{KT}}$$

两者相除，得
$$\frac{N_J}{N_0}=(2J+1)\exp\left[\frac{-E_r(J)+E_r(0)}{KT}\right]$$

采用刚性转子模型，将 $E_r(J)=BJ(J+1)hc$ 代入上式，得

$$N_J = N_0(2J+1)\exp\left[\frac{-BhcJ(J+1)}{KT}\right] \tag{9-14}$$

上式反映了分子在各转动能级上的粒子数分布情况。其中，粒子数分布最多的 J 值可以通过求极值获得，即由

$$\left.\frac{\partial N_J}{\partial J}\right|_{J=J_0}=0$$

可以获得，当

$$J=\sqrt{\frac{KT}{2Bhc}}-\frac{1}{2}=0.5895\sqrt{\frac{T}{B}}-\frac{1}{2} \tag{9-15}$$

时，有最高的粒子数密度 N_{max}。

例如，对于 HCl 分子，当温度 $T=300$K 时，量子数 $J=3$ 的转动能级上的分子分布最多。对 CO 分子，当温度 $T=300$K 时，$J=7$ 的能级上 N_J 最大。图 9-4 为 HCl、CO 分子在各转动能级上的粒子数分布示意图。

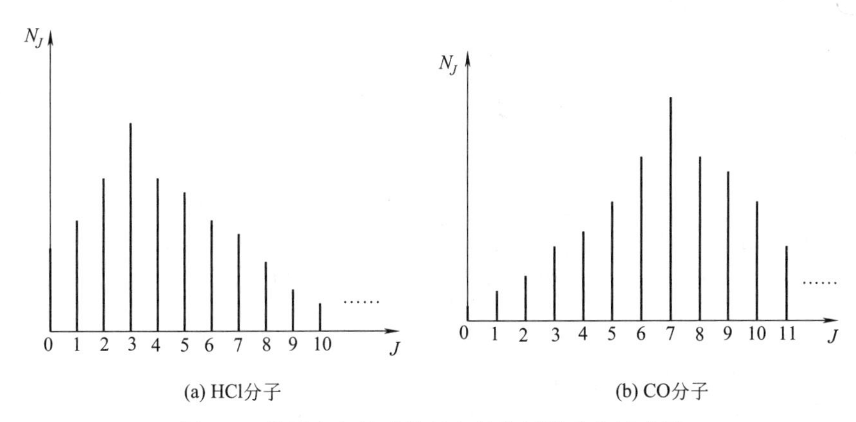

(a) HCl分子　　(b) CO分子

图 9-4　分子在各转动能级上的粒子数分布示意图

二、吸收谱的强度

吸收谱的强度，即谱线的积分吸收，通常定义为 $S=\int K_v dv$，K_v 是吸收系数，在国际单位制下，其单位为 m^{-1}。在转动光谱中，谱线宽度主要来自自然加宽，K_v 表示为

$$K_v=\frac{\frac{\Delta\nu}{2}}{2\pi(\nu-\nu_0)^2+\left(\frac{\Delta\nu_L}{2}\right)^2} \tag{9-16}$$

式中，$\Delta\nu_L$ 为谱线宽度。

吸收谱的强度是在单位时间、单位体积内吸收的粒子数目，由爱因斯坦的辐射吸收系数 A、B 可得，从 $J\rightarrow J+1$ 跃迁的吸收跃迁粒子数为

$$N_{J\rightarrow J+1}=N_J B_{J\rightarrow J+1}\beta(\nu_{J\rightarrow J+1})$$

从 $J+1\rightarrow J$ 跃迁的辐射粒子数为

$$N_{J+1\rightarrow J}=N_{J+1}\left[B_{J+1\rightarrow J}\beta(\nu_{J+1\rightarrow J})+A_{J+1\rightarrow J}\right]$$

在远红外区，频率 ν 很小，有

$$A_{J \to J+1} \propto \frac{\nu^3}{c^3} \to 0$$

考虑到热平衡条件下，能级 J 上的粒子数密度为

$$N_J = g_J e^{\frac{-E_r(J)}{KT}}$$

并且 $B_{J \to J+1} g_J = B_{J+1 \to J} g_{J+1}$，得到净吸收粒子数为

$$\Delta N_{J \to J+1} = N_J B_{J \to J+1} \left(1 - e^{\frac{-h\nu_{J \to J+1}}{KT}}\right) \rho(\nu_{J \to J+1}) \tag{9-17}$$

如果在线宽内的光流量 $I(\nu)$ 是恒定的，则有

$$\rho(\nu_{J \to J+1}) = \frac{I(\nu)}{c}$$

最终式(9-17) 变为

$$\Delta N_{J \to J+1} = N_J B_{J \to J+1} \left(1 - e^{\frac{-h\nu_{J \to J+1}}{KT}}\right) \frac{I(\nu)}{c} \tag{9-18}$$

习　题

9-1　实验测得 HF 分子的一组转动吸收谱线，其波数分别为：4108m^{-1}、8219m^{-1}、12315m^{-1}、16400m^{-1}、20462m^{-1}、24436m^{-1}、28501m^{-1}、32465m^{-1}、36393m^{-1}。请根据这组数据来计算 HF 分子的核间距（$h = 6.63 \times 10^{-34}\text{J} \cdot \text{s}$，$c = 3 \times 10^8 \text{m/s}$，有效质量 $\mu = 1.58 \times 10^{-27}\text{kg}$）。

9-2　实验测得 HCl 分子的一组远红外吸收谱的波数为：8303m^{-1}、10417m^{-1}、12430m^{-1}、16551m^{-1}、18586m^{-1}、20638m^{-1}、22650m^{-1}。根据这组数据，计算该分子的转动常数 B_e、D_e。

9-3　在已知刚性转子模型的基础上，利用微扰论求解非刚性转子模型的体系能量。

9-4　请写出分子转动能级的热分布表达式，并求出分子分布最多的转动能级对应的量子数。

第十章　双原子分子的振动及其光谱

本章讨论：假定电子态不发生变化而振动能量、转动能量发生变化的振动、转动光谱。

第一节　双原子分子的振动光谱

一、简谐振子模型

分子的振动和转动同时发生。为了研究分子的振动，要从最简单的情况出发，即只考虑分子的振动，之后再将两种运动结合起来分析。双原子分子的两个原子核在平衡位置 r_e 附近产生振动。两个原子结合成分子，显然两个原子核间存在某种结合能——化学键。这种振动可用理想化模型来处理，这样设想的简谐振子模型是两个原子核由一个无质量、劲度系数为 k 的弹簧连接，在平衡位置 r_e 附近做简谐振动，如图 10-1（a）所示。利用经典力学的几何关系和平衡条件可得

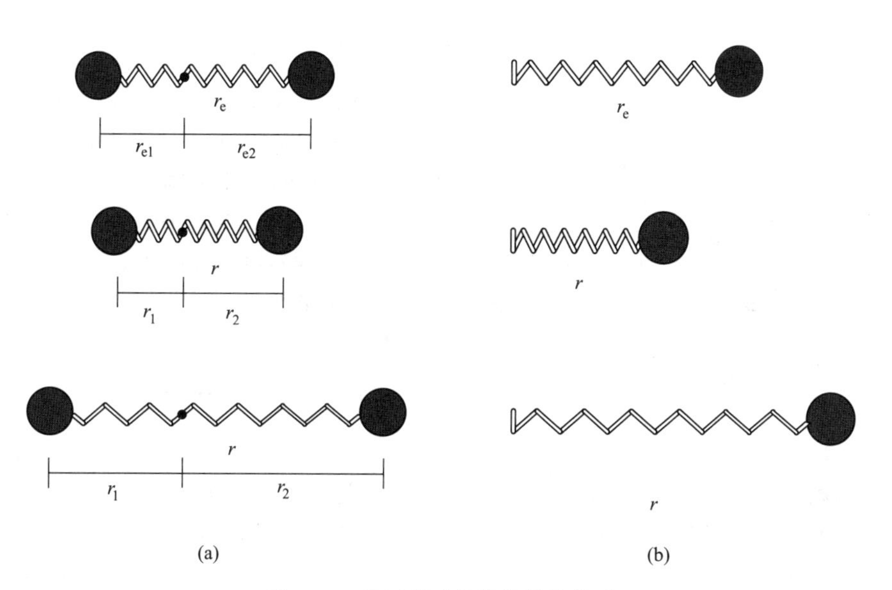

图 10-1　分子振动的简谐振子模型

$$\begin{cases} r_1 + r_2 = r \\ r_{e1} + r_{e2} = r_e \end{cases}$$

$$\begin{cases} m_1 r_1 = m_2 r_2 \\ m_1 r_{e1} = m_2 r_{e2} \end{cases}$$

可等效为一个质量 μ 的质点的简谐振动，如图 10-2（b）所示。

由量子力学可知，其简谐振动的薛定谔方程为

$$\frac{\hbar^2}{2\mu} \times \frac{d^2}{dq^2} \Psi_V + [E_V - U(q)] \Psi_V = 0$$

式中

$$q = r - r_e$$

$$U(q) = \frac{1}{2} k q^2$$

求解，得

$$E_V = \frac{h}{2\pi} \sqrt{\frac{k}{\mu}} \left(V + \frac{1}{2}\right) = \hbar\omega \left(V + \frac{1}{2}\right) \tag{10-1}$$

式中，V 为振动量子数，$V=0,1,2,\cdots$；ω 为振动角频率，$\omega = \sqrt{k/\mu}$。振动的波函数为

$$\Psi_V = N_V e^{-\frac{\alpha q^2}{2}} H_V(\sqrt{\alpha} q)$$

$$\alpha = \sqrt{\frac{\mu\omega}{\hbar}}$$

式中，$H_V(\sqrt{\alpha} q)$ 为厄米多项式；N_V 为归一化常数，可表达为

$$N_V = \sqrt{\frac{\alpha}{2^V V!} \left(\frac{1}{\pi}\right)^{\frac{1}{2}}}$$

通常采用振动光谱项 $G(V)$ 来表示转动能量，其表达式为

$$G(V) = \frac{E_V}{hc} = \frac{\omega}{2\pi c} \left(V + \frac{1}{2}\right) = \varpi \left(V + \frac{1}{2}\right) \tag{10-2}$$

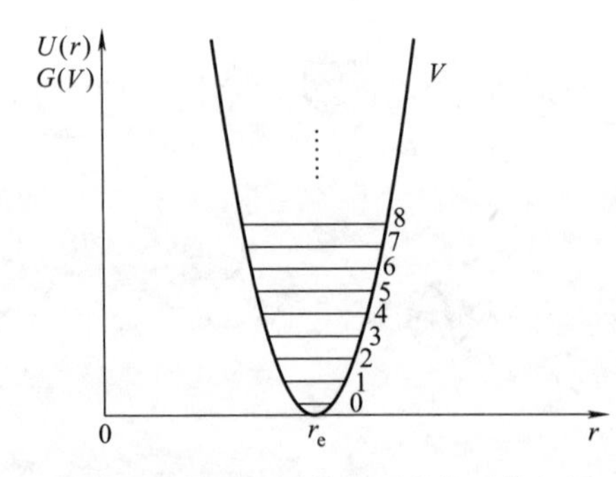

图 10-2　简谐振子模型下的振动能级图

式中，ϖ 为振动波数，$\varpi = \dfrac{\omega}{2\pi c}$。

通常将振动能级画在分子的势能曲线上，如图 10-2 所示。能级与势能曲线的交点给出了该能态下振动引起的核间距的变化范围。

图中 $G(0) = \varpi/2$，为振动的零点能。振动能级的间隔为 $\Delta G(V) = G(V+1) - G(V) = \varpi$，表明振动能级为等间隔的能级分布。

由振动光谱跃迁选择定则

$$P_{V'V''} = \int \Psi_{V'}^{*} \boldsymbol{P}_{\mathrm{N}} \Psi_{V''} \mathrm{d}r \neq 0$$

可以求得当 $\Delta V = \pm 1$ 时，允许发生跃迁。所以简谐振子模型下的光谱为 $\tilde{\nu} = G(V+1) - G(V) = \varpi$，这说明简谐振动光谱是单一的吸收谱 ϖ，与量子数无关。

在实际测量中发现双原子分子都有一个强的吸收带，例如：HCl-288600m^{-1}，HBr-255800m^{-1}，HI-223300m^{-1}，CO-215500m^{-1}，NO-187700m^{-1}。然而在此基础上各分子还能观测到一系列的泛频带。例如，HCl 分子还能观测到 566800m^{-1}、834700m^{-1}、

1092300m^{-1} 等谱带。

这说明用简谐振子描述振动光谱有局限性，需要从模型上加以修正。在实际中通常应用非简谐振子模型来进行处理。

二、非简谐振子模型

1. 模型

在简谐振子模型中，势能曲线为

$$U(r)=\frac{1}{2}k(r-r_e)^2$$

如图 10-3 中的实线所示，当核间距 r 很大时，分子势能很大，同时恢复力也很强。如果这种模型真能描述分子，则分子永远不会离解，然而分子被离解早已实现。如图 10-3 中的虚线所示，在实际中真实分子的势能 $U(r)$ 应满足下列条件：(1) $\lim\limits_{r\to\infty}U(r)=D$（常数）；(2) $\lim\limits_{r\to 0}U(r)=\infty$；(3) $\lim\limits_{r\to r_e}U(r)=0$。

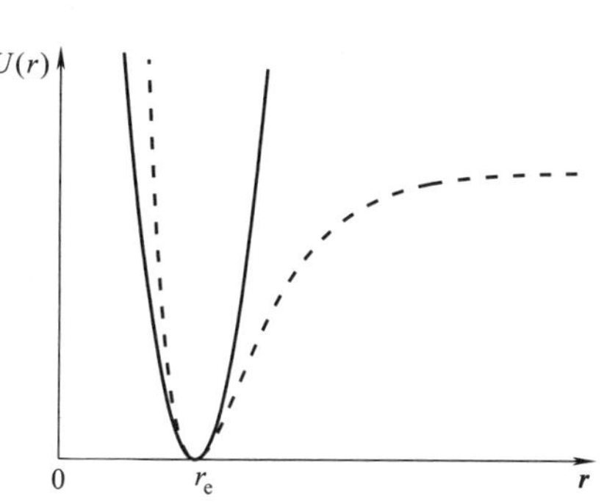

图 10-3　简谐振子模型和真实分子势能的对比

从图 10-3 可看出，非简谐振子模型的关键问题是构建分子势能曲线的解析函数 $U(r)$ 的数学形式。

目前常用来描述分子势能曲线的数学形式有三种：Born-Oppenheimer 位能函数、Morse 势能函数和 Dunham 位能函数，具体形式如下：

(1) Born-Oppenheimer 位能函数

$$U(r)=\frac{Z_1Z_2e^2}{4\pi\varepsilon_0 r}-V_e(r)$$

式中，V_e(r) 为吸收位能，并不完全是核间距 r 的函数，随运动方式不同而不同。

(2) Morse 势能函数

$$U(r)=D\left[1-e^{-a(r-r_e)}\right]^2$$

式中，D 为分子位阱深度，即离解能；r_e 为平衡时的核间距；a 由电态常数决定。

(3) Dunham 位能函数

$$U(r)=hca_0\left(\frac{r-r_e}{r}\right)^2\left[1+\sum_{n=1}^{\infty}a_n\left(\frac{r-r_e}{r_e}\right)^n\right]$$

式中，a_0 为常数。

在这三种描述分子势能曲线的数学形式 U（r）中，Morse 势能函数的应用最广泛。这里采用 Morse 势能函数来描述分子势能。

2. Morse 势下的振动本征能量和波函数

首先来验证 Morse 势 $U(r)$ 与真实分子势函数间的差别，由 (1) $\lim\limits_{r\to\infty}U(r)=D$，(2) $\lim\limits_{r\to r_e}U(r)=0$，(3) $\lim\limits_{r\to 0}U(r)=D\left[1-e^{ar_e}\right]^2$ 可看出，当 $r\to 0$ 时，Morse 势能曲线与真实分子有差别。

如果 $|a(r-r_e)|\ll 1$，$U(r)$ 与简谐振子一样，这里的力常数 $k=2Da^2$。当振幅很大时，$a(r-r_e)$ 很大，$\lim\limits_{r\to 0}U(r)\neq\infty$，虽然和真实分子势能不符合，但是实际中不会出现

$r \to 0$ 的情况，Morse 势最多也只是对 $G(V)$ 中 V 很大的光谱项有影响。综上所述，Morse 势是一个非常接近真实曲线的理论解析式。

在 Morse 势下体系的薛定谔方程为

$$\Psi_V\left[-\frac{\hbar^2}{2\mu}\nabla_x^2+U(r)\right]=E_V\Psi_V \tag{10-3}$$

式中，∇_x^2 为对一维非简谐振子的两次微分，其中 $x=r-r_e$。利用变换势解析量子力学或数理方法可以得本征能量为

$$E(V)=\sqrt{\frac{2a^2\hbar^2D}{\mu}}\left(V+\frac{1}{2}\right)-\frac{a^2\hbar^2}{2\mu}\left(V+\frac{1}{2}\right)^2$$

波函数为

$$\Psi_V=e^{-\frac{Z}{2}}Z^{\frac{b}{2}}F(Z)$$

式中

$$Z=2ay$$

$$y=e^{-a(r-r_e)}$$

$$b=\sqrt{\frac{8\mu(D-E)}{a^2\hbar^2}}$$

$$F(Z)=\sum_{V=0}^{\infty}a_VZV$$

$$a_{V+1}=\frac{\mu-V}{(V+1)(V+b)}a_V$$

这里我们关心的是本征能量 $E(V)$，根据振动光谱项定义

$$G(V)=\frac{E(V)}{hc}$$

有

$$G(V)=\varpi_e\left(V+\frac{1}{2}\right)-\varpi_e\chi_e\left(V+\frac{1}{2}\right)^2 \tag{10-4}$$

式中

$$\varpi_e=\frac{1}{hc}\sqrt{\frac{2a^2\hbar^2D}{\mu}}$$

$$\varpi_e\chi_e=\frac{a^2h}{8\pi\mu c} \tag{10-5}$$

采用 Morse 势作为分子势能曲线，针对一个具体分子需要确定参数 D 和 a，由式（10-4）可推知

$$a=2\pi\sqrt{\frac{2\mu c\varpi_e\chi_e}{h}}$$

$$D=hc\,\frac{\varpi_e^2}{4\varpi_e\chi_e} \tag{10-6}$$

只要知道 ϖ_e 和 $\varpi_e\chi_e$ 就可确定 D 和 a，通常把 ϖ_e 和 $\varpi_e\chi_e$ 分别称为简谐度因子和非简谐度因子，可以通过光谱方法确定其数值，从而获得分子结构的信息。

3. Morse 势下的光谱结构

由式(10-4）可知，分子振动的相邻能级间隔为

$$\Delta G(V)=G(V+1)-G(V)$$

$$=\overline{\omega}_0-2\overline{\omega}_0\chi_0\left(V+\frac{1}{2}\right)$$

该式表明，随着 V 的增大，振动能级间隔减小，如图 10-4 所示。式（10-4）给出的振动光谱项表达式，是以势能零点为参考点计算的。还有一种表示方式是从 $V=0$ 点的能量算起，表达式为

$$G_0(V)=G(V)-G(0)$$

$$=\overline{\omega}_0 V-\overline{\omega}_0\chi_0 V^2 \tag{10-7}$$

式中

$$\overline{\omega}_0=\overline{\omega}_e-\overline{\omega}_e\chi_e$$

$$\overline{\omega}_0\chi_0=\overline{\omega}_e\chi_e$$

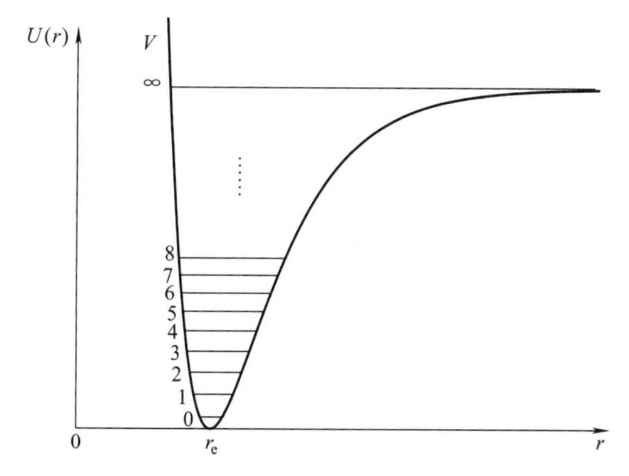

图 10-4　Morse 势下的分子势能曲线和振动能级分布

将非简谐振子波函数代入选择定则 $P_{V'V''}=\langle V'|P_n|V''\rangle\neq 0$，得到振动能级间跃迁的条件是

$$\Delta V=V'-V''=\pm 1,\pm 2,\pm 3,\cdots$$

两个允许的振动态间跃迁的谱线表达式为

$$\tilde{\nu}=G(V')-G(V'') \tag{10-8}$$

在一般情况下，振动吸收光谱都发生在最低基态到激发态的跃迁，即 $0\rightarrow V$ 跃迁，常称为（$0-V$ 带），通过式（10-8）可得到 $0-V$ 带光谱结构为

$$\begin{aligned}\tilde{\nu}&=G(V)-G(0)\\&=\overline{\omega}_0 V-\overline{\omega}_0\chi_0 V^2\end{aligned} \tag{10-9}$$

表 10-1 是实验测得的 $H^{35}Cl$ 分子（$0-V$）带光谱结构（第二列）和两种模型下的理论数据。

表 10-1　$H^{35}Cl$ 分子（$0-V$）带光谱结构　　单位：m^{-1}

$0-V$	$\tilde{\nu}$	简谐振子	非简谐振子
0−1	288590	288590	288570
0−2	566800	577180	566820
0−3	834700	865770	834750
0−4	1090310	1154360	1092360
0−5	1339650	1442950	1339650

如果是研究 $V\to V+1$ 的跃迁，其光谱结构为

$$\tilde{\nu}=G(V+1)-G(V)=\varpi_0-2\varpi_0\chi_0\left(V+\frac{1}{2}\right)$$

对应的 $V=0,1,2,3,\cdots$。

另外，$1\to V$ 的振动跃迁，常称为"热带"。振动态间的跃迁通常与粒子数分布相关联。粒子数在低能态分布较多，而在高能态分布较少，相应能态间跃迁的强度有明显的不同。

第二节　双原子分子力常数和离解能的确定

第一节我们讨论了双原子分子的振动光谱，获得了振动光谱结构的理论。在双原子分子模型中，用分子力常数 k 和离解能 D 这两个参量来表征分子的势能特性。下面讨论如何由光谱实验数据确定具体的 k、D 值。

一、分子力常数 k 的确定

分子力常数 k 是描述原子间相互作用程度的参量，通常有两种方法获得。

第一种方法利用简谐振子模型，由

$$\varpi=\frac{1}{2\pi c}\sqrt{\frac{k}{\mu}}$$

可以获得分子力常数的表达式为

$$k=(2\pi c\varpi)^2\mu \tag{10-10}$$

利用式（10-10），通过光谱技术测得（0－1）带基频后就可求得分子力常数 k。例如，HCl 分子基频带的简谐度因子 $\varpi=288600\text{m}^{-1}$，代入式（10-10）可求得 $k=4.82\times10^2\text{N/m}$。这里取光速 $c=3\times10^8\text{m/s}$，折合质量 $\mu=1.62668\times10^{-27}\text{kg}$。

第二种方法利用非简谐振子模型，利用 $\tilde{\nu}=G(V+1)-G(V)=\varpi_e-2\varpi_e\chi_e(V+1)$ 来确定 ϖ_e，再由

$$\varpi_e=\frac{1}{2\pi c}\sqrt{\frac{k}{\mu}}$$

求得

$$k=\left(2\pi c\varpi_e\right)^2\mu \tag{10-11}$$

式（10-11）和式（10-10）的区别在于 ϖ_e 的确定。非简谐振子模型下需要利用测得的光谱基频、泛频数据来推导出 ϖ_e 值。

二、离解能 D 的确定

在非简谐振子模型下，选取 Morse 势作为势能函数，利用 a、D 与 ϖ_e 和 $\varpi_e\chi_e$ 的关系式［式（10-6）］可获得

$$D=hc\,\frac{{\varpi_e}^2}{4\varpi_e\chi_e} \tag{10-12}$$

在非简谐振子模型下，无论是 k 还是 D 的求解都需简谐度因子 ϖ_e 和非简谐度因子 $\varpi_e\chi_e$ 两个参量，需要通过实际的光谱实验数据来确定。确定 ϖ_e、$\varpi_e\chi_e$ 的方法有许多种，例如逐差法、最小二乘法、伯奇-史包诺外推法等。这里仅介绍方法简单但精度不太高的逐差法，

具体方法如下。

在实际测量及研究振动光谱时，（0—V）带最容易获得，其光谱的表达式为

$$\begin{aligned}\tilde{\nu} &= G(V)-G(0)\\ &= \varpi_e V-\varpi_e \chi_e V-\varpi_e \chi_e V^2\\ &= \varpi_0 V-\varpi_0 \chi_0 V^2\end{aligned}$$

这样测量 $V=1,2,3,\cdots$ 可获得一系列（0—V）带谱的波数 $\tilde{\nu}$（m^{-1}）。利用逐差法首先计算相邻 $\tilde{\nu}$ 的波数间差值 $\Delta\tilde{\nu}$，有

$$\begin{aligned}\Delta\tilde{\nu} &= \tilde{\nu}(V+1)-\tilde{\nu}(V)\\ &= \varpi_0-2\varpi_0\chi_0\left(V+\frac{1}{2}\right)\end{aligned} \tag{10-13}$$

式（10-13）中的 $\Delta\tilde{\nu}$ 与相邻能级间隔 ΔG 相对应，光谱书籍和参考文献都常用 $\Delta G_{V+\frac{1}{2}}$ 表示 $\Delta\tilde{\nu}$，这样得到

$$\Delta G_{V+\frac{1}{2}}=G(V+1)-G(V)=\varpi_0-2\varpi_0\chi_0\left(V+\frac{1}{2}\right) \tag{10-14}$$

$$\Delta G_{V+\frac{3}{2}}=G(V+1+1)-G(V+1)=\varpi_0-2\varpi_0\chi_0\left(V+1+\frac{1}{2}\right)$$

……

$$\Delta G_{V+n+\frac{1}{2}}=G(V+n+1)-G(V+n)=\varpi_0-2\varpi_0\chi_0\left(V+n+\frac{1}{2}\right)$$

如果对 $\Delta\tilde{\nu}$ 值再一次逐差，用 $\Delta^2 G_{V+1}$ 表示，则有

$$\Delta^2 G_{V+1}=\Delta G_{V+\frac{3}{2}}-\Delta G_{V+\frac{1}{2}}=-2\varpi_0\chi_0$$

$$\Delta^2 G_{V+2}=\Delta G_{V+\frac{5}{2}}-\Delta G_{V+\frac{3}{2}}=-2\varpi_0\chi_0$$

……

两次逐差可以获得 $\varpi_e\chi_e=\varpi_0\chi_0$，再由 $\Delta G_{V+\frac{1}{2}}$ 求得 ϖ_0，从而求得

$$\varpi_e=\varpi_0+\varpi_e\chi_e \tag{10-15}$$

下面举例，由 HCl 分子振动光谱的（0—V）带数据来推导分子力常数 k。

在表 10-2 里对 HCl 分子振动光谱（0—V）带的数据进行了二次逐差。根据二次逐差的结果，有

$$2\varpi_0\chi_0=\frac{10380+10310+10290+10270}{4}$$

表 10-2　HCl 分子振动光谱（0—V）带数据的二次逐差　　　单位：m^{-1}

V	$\tilde{\nu}$	$\Delta G_{V+\frac{1}{2}}$	$\Delta^2 G_{V+1}$
0		288590	−10380
1	288590	278210	−10310
2	566800	267900	−10290
3	834700	257610	−10270
4	1092310	247340	
5	1339650		

由此得到

$$\varpi_0 \chi_0 = 5156\text{m}^{-1}$$

把 $\varpi_0 \chi_0$ 的解和表 10-2 中的每一个 $\Delta G_{V+\frac{1}{2}}$ 都代入式（10-14）中求得一组 ϖ_0 值，再把每一个 ϖ_0 值都代入式（10-15）求出相应 ϖ_e 值，求平均值得

$$\varpi_e = \frac{\sum \varpi_{ei}}{i} = 298870\text{m}^{-1}$$

最后代入式（10-11），求得分子力常数 $k = 5.166 \times 10^2 \text{N/m}$。

计算的结果表明，在非简谐振子模型下的分子力常数 k 比简谐振子模型下的大，与实验相符合。实验表明，HCl 分子核间距增加 10nm 需要能量 1kV，与化学反应能为同一数量级，从另一个方面说明了光谱法测定的分子结构参数是可信的。

第三节　振动-转动光谱

在用不同的分辨率仪器观测分子的振动光谱时，可看到每一谱带都是由一系列谱线构成的，这是振动光谱的转动结构。该现象与相应的量子力学理论一致，即当两个振动态发生变化时，在不同振动态上的转动态伴随着发生跃迁而产生辐射，形成谱带结构，下面分几种情况来讨论振动-转动光谱结构。

一、模型

振动-转动的理论模型一般采用两种处理方法：①简谐振子与刚性转子、非刚性转子组合为振动-转动体系。②非简谐振子与刚性转子、非刚性转子组合为振动-转动体系。

二、振动-转动体系能量

1. 振动对转动无影响

这时 $\Psi_{VJ} = \Psi_V \Psi_J$，$E_{VJ} = E_V + E_J$，得到的体系能量为

（1）简谐振子与刚性转子组合

$$E_{VJ} = \left[\varpi_e \left(V + \frac{1}{2}\right) + B_e J(J+1)\right] hc$$

（2）简谐振子与非刚性转子组合

$$E_{VJ} = \left[\varpi_e \left(V + \frac{1}{2}\right) + B_e J(J+1)\right] hc$$

（3）非简谐振子与刚性转子组合

$$E_{VJ} = \left[\varpi_e \left(V + \frac{1}{2}\right) - \varpi_e \chi_e \left(V + \frac{1}{2}\right)^2 + B_e J(J+1)\right] hc$$

（4）非简谐振子与非刚性转子组合

$$E_{VJ} = \left[\varpi_e \left(V + \frac{1}{2}\right) - \varpi_e \chi_e \left(V + \frac{1}{2}\right)^2 + B_e J(J+1) - D_e J^2(J^2+1)\right] hc$$

2. 振动对转动有影响

如果把振动对转动的影响视为微扰，则振动波函数与转动波函数间仍满足 $\Psi_{VJ} = \Psi_V \Psi_J$。实际上，在不同的振动态上的转动能量中，刚性转动系数 B 是振动量子数 V 的函数，B 在振动态下的表达式为

$$B_V=\frac{h}{8\pi^2\mu c}\left\langle V\left|\frac{1}{r^2}\right|V\right\rangle \tag{10-16}$$

式中，$\left\langle V\left|\frac{1}{r^2}\right|V\right\rangle$为$\frac{1}{r^2}$在量子数为$V$的振动态上的平均值。下面分两种情况求解。

(1) 利用简谐振子波函数求解，得

$$B_V=B_e-\alpha_e\left(V+\frac{1}{2}\right)+r_e\left(V+\frac{1}{2}\right)^2-\delta_e\left(V+\frac{1}{2}\right)^3$$

一般取
$$B_V=B_e-\alpha_e\left(V+\frac{1}{2}\right)$$

式中
$$\alpha_e=\frac{1}{8\pi^2\mu r_e^2c}\times\frac{3}{ar_e^2}=-\frac{6B_e^2}{\varpi_e} \tag{10-17}$$

同理，刚性转动系数D可表达为

$$D_V=D_e-\beta_e\left(V+\frac{1}{2}\right) \tag{10-18}$$

一般取$D_V=D_e$。这时的振动-转动体系能量为

$$E_{VJ}=E_V+E_J=\left[\varpi\left(V+\frac{1}{2}\right)+B_VJ(J+1)-D_VJ^2(J+1)^2\right]hc$$

(2) 利用非简谐振子波函数求解，得

$$E_{VJ}=E_V+E_J=\left[\varpi_e\left(V+\frac{1}{2}\right)-\varpi_e\chi_e\left(V+\frac{1}{2}\right)^2+B_VJ(J+1)-D_VJ^2(J+1)^2\right]hc$$

式中
$$B_V=B_e-\alpha_e\left(V+\frac{1}{2}\right)$$

$$\alpha_e=\frac{3h^2\varpi_e}{16\pi^4c\mu^2r_e^2D}\left(\frac{1}{ar_e}-\frac{1}{ar_e^2}\right)$$

$$D_V=D_e-\beta_e\left(V+\frac{1}{2}\right)$$

$$\beta_e=\frac{h^4\varpi_e}{512\pi^6\mu^3r_e^4D^2}\left(\frac{-5}{a^2r_e}+\frac{18}{a^3r_e^3}-\frac{9}{a^4r_e^{11}}\right)$$

式中，D，a为Morse势能函数的系数。一般忽略β_e，取$D_V=D_e$。Morse势下有

$$\alpha_e=\frac{6\sqrt{\varpi_e\chi_eB_e^3}}{\varpi_e}-\frac{6B_e^2}{\varpi_e}$$

相应的振动-转动体系能量为

$$\begin{aligned}E_{VJ}&=E_V+E_J\\&=\left[\varpi_e\left(V+\frac{1}{2}\right)-\varpi_e\chi_e\left(V+\frac{1}{2}\right)^2+B_eJ(J+1)-D_eJ^2(J+1)^2\right]hc\\&\quad-\left[\frac{6\sqrt{\varpi_e\chi_eB_e^3}}{\varpi_e}J(J+1)\left(V+\frac{1}{2}\right)-\frac{6B_e^2}{\varpi_e}(J+1)\left(V+\frac{1}{2}\right)\right]hc\end{aligned}$$

用光谱项的形式表示为

$$T_{VJ}=G(V)+F_V(J)$$

$$F_V(J)=B_V J(J+1)-D_V J^2(J+1)^2 \tag{10-19}$$

三、振动-转动的光谱结构

1. 选择定则

将非简谐振子波函数代入选择定则，得到振动-转动跃迁的条件是

$$\Delta V=\pm 1,\pm 2,\pm 3,\cdots;\Delta J=\pm 1$$

2. 光谱结构

振动-转动结构跃迁的谱线可表达为

$$\tilde{\nu}=T_{V'J'}-T_{V''J''}$$

把式(10-19) 代入整理，并在整理中认为 $D_V \ll B_V$，从而忽略 D_V 项，得

$$\tilde{\nu}=\tilde{\nu}_0+B_{V'}J'(J'+1)-B_{V''}J''(J''+1) \tag{10-20}$$

其中

$$\tilde{\nu}_0=\left[\varpi_e\left(V'+\frac{1}{2}\right)-\varpi_e\chi_e\left(V'+\frac{1}{2}\right)^2\right]-\left[\varpi_e\left(V''+\frac{1}{2}\right)-\varpi_e\chi_e\left(V''+\frac{1}{2}\right)^2\right]$$

称 $\tilde{\nu}_0$ 为带源。根据选择定则 $\Delta J=\pm 1$，光谱可分为两个光谱支项：$\Delta J=1$ 时为 R 支，用 $\tilde{\nu}_R$ 表示该支的谱线；$\Delta J=-1$ 时为 P 支，用 $\tilde{\nu}_P$ 表示该支的谱线。相应的支项表达式为

$$\tilde{\nu}_R=\tilde{\nu}_0+(B_{V'}+B_{V''})(J+1)+(B_{V'}-B_{V''})(J+1)^2;J=0,1,2,3,\cdots \tag{10-21}$$

$$\tilde{\nu}_P=\tilde{\nu}_0-(B_{V'}+B_{V''})J+(B_{V'}-B_{V''})J^2;J=1,2,3,\cdots \tag{10-22}$$

上面两个公式可以合并为

$$\tilde{\nu}_m=\tilde{\nu}_0+(B_{V'}+B_{V''})m+(B_{V'}-B_{V''})m^2 \tag{10-23}$$

式中，$m=\pm 1,\pm 2,\pm 3,\cdots$。$m<0$ 时，式(10-23) 表达的谱线为 P 支，$m>0$ 时式(10-23) 表达的谱线为 R 支。通过上述公式可看出 R 支的谱线 $\tilde{\nu}_R>\tilde{\nu}_0$，$\tilde{\nu}_R$ 位于 $\tilde{\nu}_0$ 的短波区；P 支的谱线 $\tilde{\nu}_P<\tilde{\nu}_0$，$\tilde{\nu}_P$ 位于 $\tilde{\nu}_0$ 的长波区。相对于 $\tilde{\nu}_0$ 而言，由于选择定则中没有 $\Delta J=0$ 的情况，所以振动-转动光谱中 $\tilde{\nu}_0$ 不会出现，即 $\tilde{\nu}_0$ 缺项。

表 10-3　HCl 分子（0—1）带的转动结构数据　　单位：m^{-1}

J	$\tilde{\nu}_R$	$\lvert\Delta\tilde{\nu}_R\rvert$	$\tilde{\nu}_P$	$\lvert\Delta\tilde{\nu}_P\rvert$
0	290625	1953		
1	292578	1911	286509	2153
2	294489	1846	284356	2207
3	296324	1766	282149	2271
4	298090	1688	279878	2299
5	299778	1651	277579	2376
6	301429	1576	275203	2428
7	302996	1492	272775	2469
8	304488	1419	270306	2533
9	305907	1369	267773	2576
10	307276	1286	265197	2623
11	308562		262574	2674
12			259900	

表 10-3 为 HCl 分子（0—1）带的转动结构数据，从表中数据可以看到，相邻谱线间隔 $\Delta\tilde{\nu}_P$ 随 J 增大而增大，$\Delta\tilde{\nu}_R$ 随 J 增大而减小。同样，我们可利用转动结构数据用逐差法来确定 B_e、α_e，具体方法省略。

下面来讨论各支的变化规律。对于 R 支，其相邻谱线间隔为

$$\Delta\tilde{\nu}_R=\tilde{\nu}_R(J+1)-\tilde{\nu}_R(J)=(B_{V'}+B_{V''})+(B_{V'}-B_{V''})(2J+3) \tag{10-24}$$

一般情况下，$\langle V|r|V\rangle$ 随着 V 的增大而增大，由公式

$$B_V=\frac{h}{8\pi^2\mu c}\left\langle V\left|\frac{1}{r^2}\right|V\right\rangle$$

可知 $B_{V'}-B_{V''}<0$，所以 $\Delta\tilde{\nu}_R$ 随着 J 增大而减小。

对于 P 支，其相邻谱线间隔为

$$\Delta\tilde{\nu}_P=\tilde{\nu}_P(J+1)-\tilde{\nu}_P(J)=-(B_{V'}+B_{V''})+(B_{V'}-B_{V''})(2J+1) \tag{10-25}$$

所以 $\Delta\tilde{\nu}_P$ 随着 J 增大而增大。如果 $B_{V'}\approx B_{V''}$，则 $\Delta\tilde{\nu}_P$、$\Delta\tilde{\nu}_R$ 都是近似等间隔。

习　题

10-1　描述分子间真实势能的函数有（　　）。

A. 简谐振子势能函数　　B. Born-Oppenheimer 位能函数

C. Morse 势能函数　　D. Dunham 位能函数

10-2　实验测得某一双原子分子的振动吸收谱（0—V）带如图 10-5 所示。

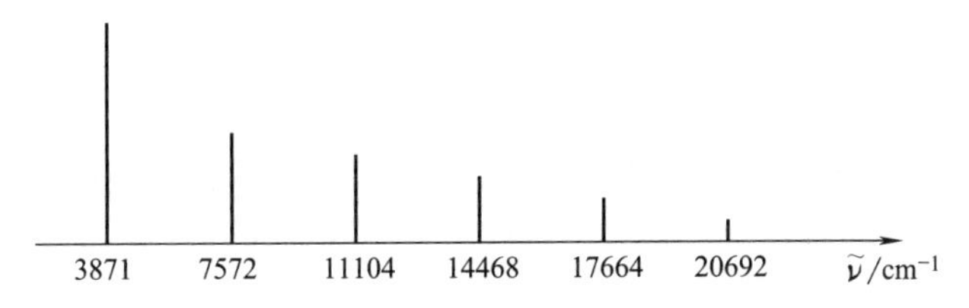

图 10-5　某一双原子分子的振动吸收谱（0—V）带

请将相应的数据转换为国际单位制数据，并根据以上数据，用 Morse 势下的分子光谱理论计算该分子的离解能。

10-3　实验测得某双原子分子（0—1）振动带的转动结构（振转光谱）波数及量子数如表 10-4 所示。

表 10-4　某双原子分子（0—1）振动带转动结构（振转光谱）波数及量子数

$\tilde{\nu}/\mathrm{m}^{-1}$	286509	284356	282149	279878	277579	275203
J	1	2	3	4	5	6

已知：$h=6.63\times10^{-34}\,\mathrm{J\cdot s}$，$c=3\times10^{8}\,\mathrm{m/s}$，有效质量 $\mu=1.62\times10^{-27}\,\mathrm{kg}$。

1. 判断该振转光谱属于 P 支还是 R 支，并说明理由。

2. 计算该分子键长 r_e。

第十一章　双原子分子的电子态与电子光谱

分子是由原子核和电子组成的。如果没有电子，那么原子核间只有排斥力，不能形成稳定的分子。当两个原子由于电子的相互作用能稳定结合在一起时，就形成了化学键。当电子运动状态发生变化时，总是伴随着振动态和转动态的变化。只有了解了电子态，才能掌握每一个分子态的行为特征及分子态的跃迁——电子光谱。由于电子光谱具有复杂性，大部分分子光谱是通过光谱实验数据来完成的。

第一节　双原子分子的电子态

一、双原子分子的轨道理论

分子是一个很复杂的体系，如果从研究目的出发，应该着重于研究分子的内部运动。根据玻恩-奥本海默近似，分子的波函数可以表示为 $\Psi=\Psi_{e}\Psi_{N}$。其中，Ψ_{e} 满足的薛定谔方程为：

$$\frac{\hbar^{2}}{2m_{e}}\sum_{k}\nabla_{k}^{2}\Psi_{e}+(E_{e}-U)\Psi_{e}=0 \tag{11-1}$$

下面通过研究最简单的分子体系 H_2^+ 来说明分子的电子态及分子轨道。

如图 11-1 所示，此时式(11-1) 所表达的体系能量为

$$\hat{H}=-\frac{\hbar^{2}}{2m_{e}}\nabla^{2}+\frac{1}{4\pi\varepsilon_{0}}\left(\frac{Z_{A}Z_{B}e^{2}}{R}-\frac{Z_{A}e^{2}}{r_{a}}-\frac{Z_{B}e^{2}}{r_{b}}\right)$$

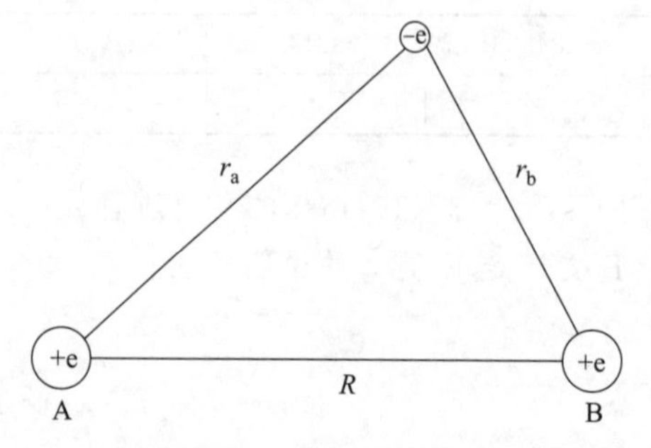

图 11-1　H_2^+ 分子结构图

式中，Z_A 和 Z_B 为原子核 A 和 B 的核电荷数，对于 H_2^+ 分子，$Z_A=Z_B=1$。对应的薛定谔方程为

$$\left[-\frac{\hbar^2}{2m_e}\nabla^2+\frac{1}{4\pi\varepsilon_0}\left(\frac{e^2}{R}-\frac{e^2}{r_a}-\frac{e^2}{r_b}\right)\right]\Psi_e=E_e\Psi_e \tag{11-2}$$

根据量子力学的 MO-LCAO 理论（即分子轨道是原子轨道的线性组合理论），电子的波函数可以表达为

$$\Psi_e=\sum c_i\psi_i=c_a\psi_a+c_b\psi_b \tag{11-3}$$

相应的能量为

$$E_1=\frac{H_{aa}+H_{ab}}{1+S_{ab}}$$

$$E_2=\frac{H_{aa}-H_{ab}}{1-S_{ab}} \tag{11-4}$$

其中，$S_{ab}=\langle\psi_a|\psi_b\rangle=\langle\psi_b|\psi_a\rangle$，$H_{aa}=\langle\psi_a|\hat{H}|\psi_a\rangle$，$H_{ab}=\langle\psi_a|\hat{H}|\psi_b\rangle$，式中的 ψ_a 和 ψ_b 是原子波函数。经计算整理得

$$E_1=E_H+\frac{J+K}{1+S_{ab}}$$

$$E_2=E_H+\frac{J-K}{1-S_{ab}}$$

式中

$$J=\left(1+\frac{1}{R}\right)e^{-2R}$$

$$K=\left(\frac{1}{R}-\frac{2R}{3}\right)-e^{-R}$$

$$S_{ab}=\left(1+\frac{1}{R}+\frac{R^2}{3}\right)e^{-R}$$

式中，E_H 为氢原子基态的能量。与之对应的波函数为

$$\Psi_1=\sqrt{\frac{1}{2+2S_{ab}}}(\psi_a+\psi_b)$$

$$\Psi_2=\sqrt{\frac{1}{2-2S_{ab}}}(\psi_a-\psi_b)$$

电子分布概率密度为

$$|\Psi_1|^2=\frac{1}{2+2S_{ab}}(\psi_a^2+2\psi_a\psi_b+\psi_b^2)$$

$$|\Psi_2|^2=\frac{1}{2-2S_{ab}}(\psi_a^2-2\psi_a\psi_b+\psi_b^2)$$

二、分子轨道的表示法

根据 MO-LCAO 理论，分子轨道表示法如同原子轨道表示法，规则如下：

① 按照分子轨道角动量在 z 轴上的投影角动量绝对值 $\lambda=0,1,2,3$，分别用 σ、π、δ、φ 表示分子轨道。

② 若分子轨道与分离原子轨道相关联，分子轨道用 σ1s、σ2s、π2p、…、λnl 表示。

③ 若分子轨道与联合原子轨道相关联，分子轨道用 1sσ、2sσ、2pπ、…、$nl\lambda$ 表示。

④ 如果分子具有某种对称性，分子轨道有 g、u 之分。

⑤ 通常反键轨道右上角加 * 以区分成键轨道。

下面具体讨论两种极限下的双原子分子轨道。

1. 联合原子极限法下的分子轨道表示

设想两个原子的核间距 $r_{ab}\rightarrow 0$，成为一个新的等效原子（例如 $H_2^+ \rightarrow He^+$）。当不涉及自旋时，等效原子的轨道角动量 $\hat{p}=\sqrt{l(l+1)}\hbar$，是一个运动积分，用 $l=0,1,2,3,\cdots$ 表示原子轨道，即 s、p、d、f、…。当外界扰动存在时，使 r_{ab} 增大，原子发生形变，由球对称变为轴对称（分子轴）。相当于有一个静电场存在（实际上是两个原子核产生的），而电场方向与分子轴同向。电子绕轴进动，在电场方向的投影为 $\hat{p}_z=m_l\hbar$。定义 $\lambda=|m_l|=0,1,2,\cdots$ 为分子轨道，用符号 σ、π、δ、φ 表示。之所以用 λ 表示分子轨道，是因为在电场情况下，$\hat{p}_z$ 和 $-\hat{p}_z$ 的体系能量相同，对 m_l 而言是二度简并的。相应的轨道表示如图 11-2 所示。

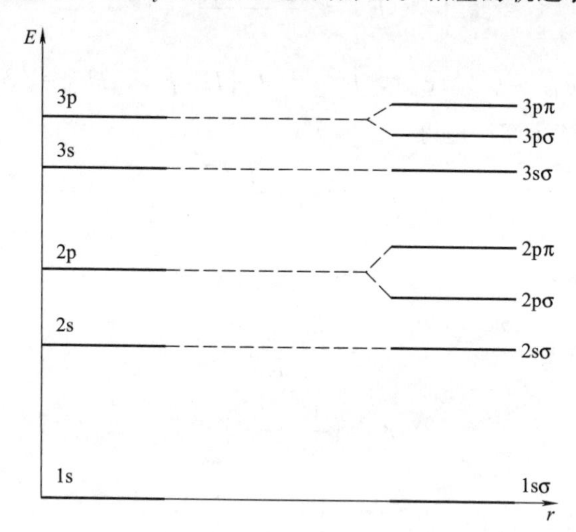

图 11-2 联合原子极限法下的分子轨道表示

2. 分离原子极限法下的分子轨道表示

设想两个原子的核间距 $r_{ab}\rightarrow\infty$，一个分子变为两个原子。同联合原子轨道模型相同，外界扰动使两核间距 r_{ab} 逐渐减小。当 r_{ab} 达到某一确定值时，一个原子中的轨道受到另一个原子的影响。当 r_{ab} 继续减小时，两个原子间形成一个强电场，这种场是轴对称场。在电场的作用下，角动量在电场上的分量为 $\hat{p}_{zi}=m_{l_i}\hbar$，$m_{l\,i}=0,\pm1,\pm2,\cdots,\pm l_i\,(i=1,2)$。相应地取 $\lambda=|m_l|=0,1,2,\cdots,l_i$，用符号 σ、π、δ、φ 表示分子轨道。另外，在分离原子中还需考虑原子的对称性，对同核双原子分子，其轨道有 g、u 之分。图 11-3 和图 11-4 分别为同核双原子分子和异核双原子分子的分子轨道图。

三、双原子分子轨道的对称性

分子轨道对应的数学描述是分子的电子波函数，研究电子波函数的对称性，对处理分子（特别是多原子分子）的电子光谱非常有用。这里讨论与轨道相关联的对称性。若电子的坐标相对坐标原点做反演，它的波函数不变或变为负值，我们常用“+”“−”表示。其中“+”表示正态，“−”表示负态。如果分子是同核双原子分子，它的电子波函数除了具有上

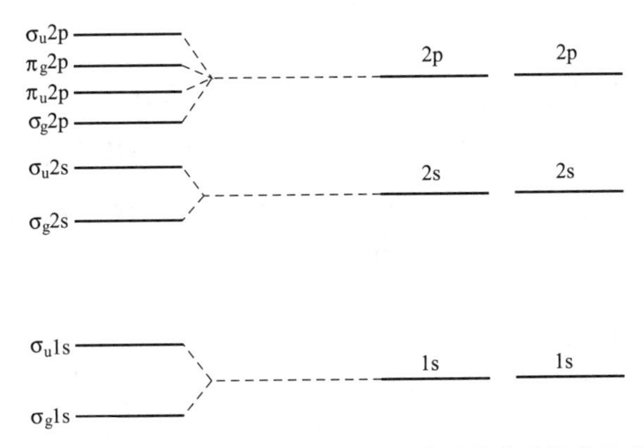

图 11-3　分离原子极限法下同核双原子分子的分子轨道示意图

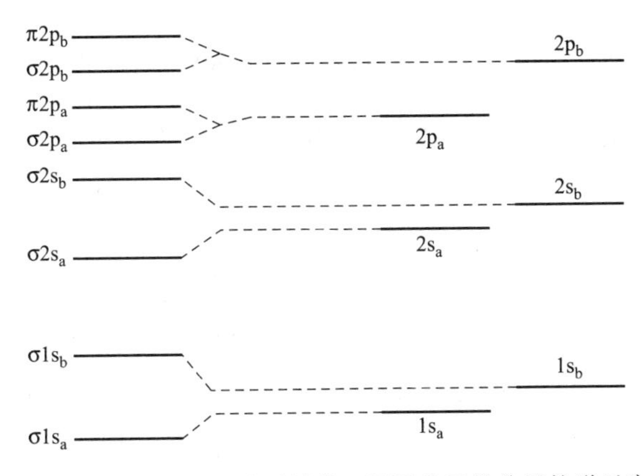

图 11-4　分离原子极限法下异核双原子分子的分子轨道示意图

述对称性外，还具有中心对称，即电子坐标相当于对称中心反演，如果波函数不改变，其对称性记为“g”，反之记为“u”，这样分子轨道有 λ_g、λ_u 之分。

四、分子的电子态

1. 电子组态

电子组态指的是电子在各个分子轨道上的布居组合。每一个分子轨道所容纳的电子数目如下：σ 态 2 个电子，$\lambda \neq 0$ 时（即 π、δ、φ 态）允许 4 个电子。电子排布遵从泡利不相容原理，这样获得电子组态。例如：

H_2：$(\sigma_g 1s)^2$ 或 $(1s\sigma)^2$

N_2：$(\sigma_g 1s)^2(\sigma_u 1s)^2(\sigma_g 2s)^2(\sigma_u 2s)^2(\pi_u 2p)^4(\sigma_g 2p)^2$

式中的$(\sigma_g 1s)^2(\sigma_u 1s)^2$ 常用 kk 表示。由于 N 原子的 2s 和 2p 态间的能量差较小，形成分子时相互作用使 2p 对应的分子轨道组态变为 $(\pi_u 2p)(\sigma_g 2p)(\pi_g 2p)(\sigma_u 2p)$。

O_2：$kk(\sigma_g 2s)^2(\sigma_u 2s)^2(\sigma_g 2p)^2(\pi_u 2p)^4(\pi_g 2p)^2$

以上的组态是双原子分子的基态电子组态，其第一激发电子组态为：

H_2：$(\sigma_g 1s)^1(\sigma_u 1s)^1$

N_2：$(\sigma_g 1s)^2(\sigma_u 1s)^2(\sigma_g 2s)^2(\sigma_u 2s)^2(\pi_u 2p)^4(\sigma_g 2p)(\pi_g 2p)$

O_2：$kk(\sigma_g 2s)^2(\sigma_u 2s)^2(\sigma_g 2p)^2(\pi_u 2p)^4(\pi_g 2p)(\sigma_u 2p)$

2. 电子态

电子态由分子中电子的总轨道角动量在分子轴上的投影来确定，其投影为 $\hat{p}_z=M_L\hbar$。令 $\Lambda=|M_L|$ 来描述分子电子态，将 $\Lambda=0,1,2,3$ 用 $\sum$、Π、Δ、Φ 表示。电子态符号用 $^{2S+1}\Lambda_{\Omega,\mathrm{g(u)}}^{+(-)}$ 表示。其中，S 为总自旋量子数；$2S+1$ 为重态；Ω 为总角动量量子数；+，一为对称性；g(u) 为同核双原子分子具有 g、u 对称性。

3. 电子态的确定

这里仅介绍由电子组态来确定电子态的方法。

由电子态符号可知，确定电子态需要确定 Λ、$2S+1$、Ω、$+(-)$、g(u)这些物理量。先确定 Λ，由 $\Lambda=\left|\sum_i m_{l_i}\right|$ 和 $\lambda_i=|m_{l_i}|$，求得两个价电子的组态为 $\Lambda=\lambda_1\pm\lambda_2$。其余的角动量为 $S=\left|\sum_i s_i\right|$，$\Omega=\Lambda+S,\Lambda+S-1,\cdots,|\Lambda-S|$。对称性由分子波函数的对称性决定。但对$\Sigma$态而言，其对称性为：当 $\Lambda=0$ 且电子组态仅由 σ 态组成时，电子态只存在Σ^+态；当 $\Lambda=0$ 且电子组态不完全是由 σ 态组成时，电子态存在Σ^+、Σ^-态。

下面举几个由电子组态确定电子态的例子，分别是：

σσ 态：由 $\lambda_1=0$，$\lambda_2=0$ 得到 $\Lambda=0$，所以电子态为 $^3\sum_1^+$、$^0\sum_0^+$。

σπ 态：由 $\lambda_1=0$，$\lambda_2=1$ 得到 $\Lambda=1$，所以电子态为$^3\Pi_{2,1,0}$、$^1\Pi_1$。

πδ 态：由 $\lambda_1=1$，$\lambda_2=2$ 得到 $\Lambda=3,1$，所以电子态为$^3\Pi_{2,1,0}$、$^3\Phi_{4,3,2}$、$^1\Pi_1$、$^1\Phi_3$。

ππ 态：由 $\lambda_1=1$，$\lambda_2=1$ 得到 $\Lambda=2,0$，所以电子态为$^3\Delta_{3,2,1}$、$^1\Delta_2$、$^3\sum_1^+$、$^3\sum_1^-$、$^1\sum_0^+$、$^1\sum_0^-$。

五、电子态跃迁的选择定则

根据偶极辐射的选择定则，把电子态间跃迁分为三类，具体如下：

	异核双原子分子	同核双原子分子	
第一类：$\Delta\Lambda=0$　$\Lambda=0$	$\sum^+\leftrightarrow\sum^+$	$\sum_g^+\leftrightarrow\sum_u^+$	
	$\sum^-\leftrightarrow\sum^-$	$\sum_g^-\leftrightarrow\sum_u^-$	
第二类：$\Delta\Lambda=0$　$\Lambda\neq0$	$\Pi\leftrightarrow\Pi$	$\Pi_g\leftrightarrow\Pi_u$	
	$\Delta\leftrightarrow\Delta$	$\Delta_g\leftrightarrow\Delta_u$	
	$\Phi\leftrightarrow\Phi$	$\Phi_g\leftrightarrow\Phi_u$	
第三类：$\Delta\Lambda=\pm1$	$\sum^+\leftrightarrow\Pi$	$\sum_g^+\leftrightarrow\Pi_u$	$\sum_u^+\leftrightarrow\Pi_g$
	$\sum^-\leftrightarrow\Pi$	$\sum_g^-\leftrightarrow\Pi_u$	$\sum_u^-\leftrightarrow\Pi_g$
	$\Pi\leftrightarrow\Delta$	$\Pi_g\leftrightarrow\Delta_u$	$\Pi_u\leftrightarrow\Delta_g$
	$\Delta\leftrightarrow\Phi$	$\Delta_g\leftrightarrow\Phi_u$	$\Delta_u\leftrightarrow\Phi_g$

综合上面的对称性要求，电子态跃迁的选择定则可以概括为$+\leftrightarrow+$、$-\leftrightarrow-$、$g\leftrightarrow u$。

第二节　双原子分子的电子光谱

如果考虑电子运动对振动、转动的影响，则分子的体系能量为

$$E=E_e+E_V+E_r+E_{eV}+E_{er}+E_{Vr}$$

对应的光谱项为

$$T=T_e+G(V)+F_V(J)$$

其中

$$G(V)=\varpi_e\left(V+\frac{1}{2}\right)-\varpi_e\chi_e\left(V+\frac{1}{2}\right)^2;V=0,1,2,\cdots$$

$$F_V(J)=B_VJ(J+1)-D_VJ^2(J+1)^2;J=0,1,2,\cdots$$

分子中两个电子态间发生跃迁时所产生的光谱为电子光谱，其谱线可表达为

$$\begin{aligned}\tilde{\nu}&=T'_e-T''_e+G'(V')-G''(V'')+F'_V(J')-F''_V(J'')\\&=\tilde{\nu}_e+\tilde{\nu}_V+\tilde{\nu}_r\end{aligned}$$

可以看出，电子光谱的结构与振动光谱、转动光谱相比复杂得多。我们将分两步来研究电子光谱：先研究确定的两个电子态间跃迁所产生光谱的振动结构，再进一步研究两个确定电子态上相应的两个确定振动态间跃迁所产生的转动结构。

一、电子光谱的振动结构

我们忽略转动的影响，仅考虑电子态跃迁时伴随振动态的跃迁——电子光谱的振动结构，这时体系能量和光谱结构规律为

$$\begin{aligned}T&=T_e+G(V)\\\tilde{\nu}&=T'_e-T''_e+G'(V')-G''(V'')\end{aligned}\tag{11-5}$$

电子光谱的振动结构一般用于研究固定两个电子态之间不同振动态的跃迁，即$T'_e-T''_e=\tilde{\nu}_e$是一个确定值，这时式(11-5)变为

$$\tilde{\nu}=\tilde{\nu}_e+G'(V)-G''(V)$$

振动跃迁的选择定则为$\Delta V=V'-V''=0,\pm1,\pm2,\pm3,\cdots$，则

$$\tilde{\nu}=\tilde{\nu}_e+\varpi'_e\left(V'+\frac{1}{2}\right)-\varpi'_e\chi_e\left(V'+\frac{1}{2}\right)^2-\left[\varpi''_e\left(V''+\frac{1}{2}\right)-\varpi''_e\chi_e\left(V''+\frac{1}{2}\right)^2\right]$$

整理，得

$$\tilde{\nu}=\tilde{\nu}_{00}+(\varpi'_0V'-\varpi''_0V'')-(\varpi'_0\chi_0V'^2-\varpi''_0\chi_0V''^2)$$

式中

$$\tilde{\nu}_{00}=\tilde{\nu}_e+\frac{1}{2}\left(\varpi'_e-\frac{1}{2}\varpi'_e\chi_e\right)-\frac{1}{2}\left(\varpi''_e-\frac{1}{2}\varpi''_e\chi_e\right)$$

称为带源。

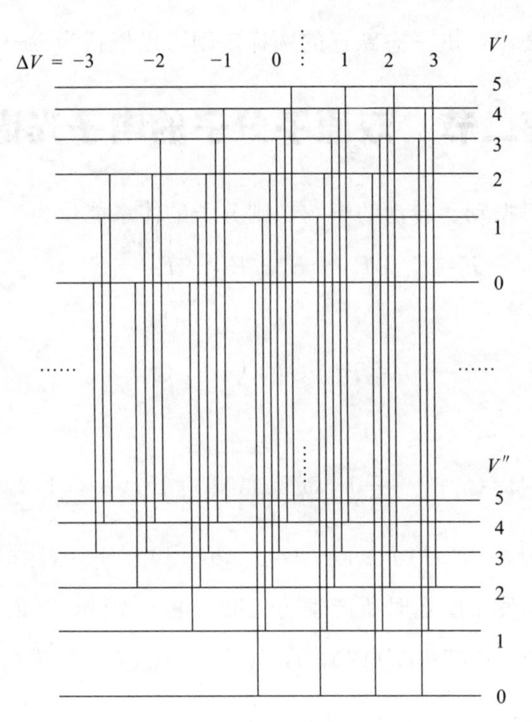

图 11-5　电子光谱的振动结构

图 11-5 给出了 V' 和 V'' 取不同值时，对应不同的电子光谱振动结构谱带（V'—V''），图 11-5 给出不同 ΔV 值时的跃迁谱，对此跃迁谱命名如下：

① V'—V'' 的跃迁谱称为谱带。

② ΔV 相同值的谱带组成谱带群。

③ V' 相同，V'' 不同的谱带称为 V'' 谱带序。

④ V'' 相同，V' 不同的谱带称为 V' 谱带序。

其中，对于 V'' 谱带序，谱带表达为

$$\tilde{\nu}=\tilde{\nu}_{V'}-\left(\varpi_0''V''-\varpi_0''\chi_0V''^2\right)$$

式中

$$\tilde{\nu}_{V'}=\tilde{\nu}_{00}+\left(\varpi_0'V'-\varpi_0'\chi_0V'^2\right)$$

对于 V' 谱带序，谱带表达为

$$\tilde{\nu}=\tilde{\nu}_{V''}+\left(\varpi_0'V'-\varpi_0'\chi_0V'^2\right)$$

式中

$$\tilde{\nu}_{V''}=\tilde{\nu}_{00}-\left(\varpi_0''V''-\varpi_0''\chi_0V''^2\right)$$

在这里仅定性说明命名各谱带群或谱带序。

二、振动结构的强度分布

实际应用中，电子光谱振动结构还是有一定规律的，特别是其强度分布。无论是在吸收谱，还是在发射谱中，强度分布都存在相应的特征。这些规律都能得到很好的解释。为了分析这方面的问题，首先讨论描述振动结构强度的基本原理——夫兰克-康登原理（Franck-Condon）。

1. 夫兰克-康登原理

量子力学中，光的发射光谱、吸收光谱的强度正比于偶极辐射 $|P_{mn}|^2$。在分子理论中，

根据 Born-Oppenheimer 近似 $\Psi=\Psi_{\mathrm{e}}\Psi_{\mathrm{N}}$，即选择定则为

$$p_{n'V'n''V''}=\langle\ \Psi_{n'V'}\,|\boldsymbol{P}_{\mathrm{e}}|\,\Psi_{n''V''}\rangle \tag{11-6}$$

式中，$\boldsymbol{P}_{\mathrm{e}}$ 为电子贡献的电偶极矩；$\boldsymbol{P}_{\mathrm{N}}$ 为原子核贡献的电偶极矩；$\boldsymbol{P}=\boldsymbol{P}_{\mathrm{e}}+\boldsymbol{P}_{\mathrm{N}}$。所以有

$$\boldsymbol{P}=-\sum_{i}e\boldsymbol{r}_{i}+Z_{1}e\boldsymbol{R}_{1}+Z_{2}e\boldsymbol{R}_{2}$$

式中，$\boldsymbol{r}$ 为电子坐标；$\boldsymbol{R}$ 为核坐标。代入式(11-6)，得

$$\begin{aligned}P_{n'V'n''V''}&=\iiint\iiint\Psi_{\mathrm{e}}'^{*}\,\Psi_{V}'^{*}\boldsymbol{P}_{\mathrm{e}}\Psi_{\mathrm{e}}''\Psi_{V}''\,\mathrm{d}\tau_{\mathrm{e}}\,\mathrm{d}R+\iiint\iiint\Psi_{\mathrm{e}}'^{*}\,\Psi_{V}'^{*}\boldsymbol{P}_{\mathrm{N}}\Psi_{\mathrm{e}}''\Psi_{V}''\,\mathrm{d}\tau_{\mathrm{e}}\,\mathrm{d}R\\&=\iiint\Psi_{\mathrm{e}}'^{*}\,\boldsymbol{P}_{\mathrm{e}}\Psi_{\mathrm{e}}''\,\mathrm{d}\tau_{\mathrm{e}}\iiint\Psi_{V}'^{*}\,\Psi_{V}''\,\mathrm{d}R+\iiint\Psi_{\mathrm{e}}'^{*}\,\Psi_{\mathrm{e}}''\,d\tau_{\mathrm{e}}\iiint\Psi_{V}'^{*}\boldsymbol{P}_{\mathrm{N}}\Psi_{V}''\,\mathrm{d}R\end{aligned} \tag{11-7}$$

由电子波函数的正交归一性，可得第二项中的

$$\iiint\Psi_{\mathrm{e}}'^{*}\,\Psi_{\mathrm{e}}''\,\mathrm{d}\tau_{\mathrm{e}}=0$$

令

$$\iiint\Psi_{\mathrm{e}}'^{*}\,\boldsymbol{P}_{\mathrm{e}}\Psi_{\mathrm{e}}''\,\mathrm{d}\tau_{\mathrm{e}}=\overline{P}_{\mathrm{e}}$$

则

$$\begin{aligned}P_{n'V'n''V''}&=\iiint\Psi_{\mathrm{e}}'^{*}\,\boldsymbol{P}_{\mathrm{e}}\Psi_{\mathrm{e}}''\,\mathrm{d}\tau_{\mathrm{e}}\iiint\Psi_{V}'^{*}\,\Psi_{V}''\,\mathrm{d}R\\&=\overline{P}_{\mathrm{e}}\langle\ V'\ |\ V''\ \rangle\end{aligned} \tag{11-8}$$

$$q_{V'V''}=\left|\langle V'\,|\,V''\rangle\right|^{2}$$

式中，$q_{V'V''}$为夫兰克-康登因子。不同电子振动态之间跃迁的相对强度正比于$q_{V'V''}$。从物理图像讲，跃迁的相对强度取决于两个振动波函数的重叠情况。下面对这个重叠积分进行讨论。

① 参与跃迁的两个电子态的位能曲线形状与极值位置近乎相同，即 $B_{\mathrm{e}}'\approx B_{\mathrm{e}}''$。采用简谐振子波函数作为振动波函数求解，得到其分布如图 11-6 所示。由图 11-6 可知，当 $V''=0$ 和$V'=0$ 时的重叠积分最大，即（0—0）带最强，而 $\Delta V=\pm1$ 时两波函数几乎正交很小，跃迁很弱。

② B_{e}'与 B_{e}''相差较大时，如图 11-7 所示，（0—0）带跃迁较弱，Ψ_{0}'和 Ψ_{0}''不重叠，而 Ψ_{0}''和 Ψ_{V}'有重叠，产生重叠积分的最大值，则出现（0—V）带最强或者（0—V_{∞}）带最强的情况。

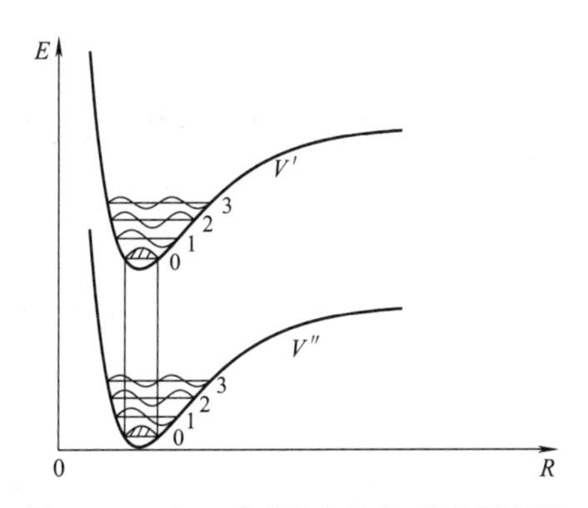

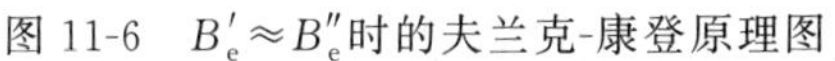
图 11-6　$B_{\mathrm{e}}'\approx B_{\mathrm{e}}''$时的夫兰克-康登原理图

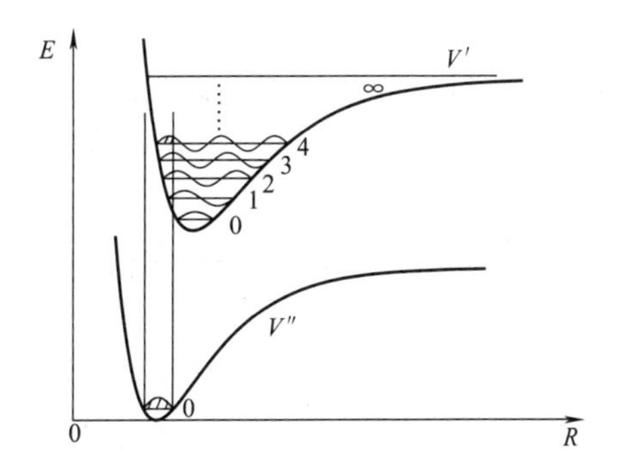

图 11-7　B_{e}'与 B_{e}''相差较大时的夫兰克-康登原理图

2. 电子吸收光谱强度解释

通常观察到的电子振动光谱强度有三种典型分布，其对应的夫兰克-康登解释如图 11-8 所示。

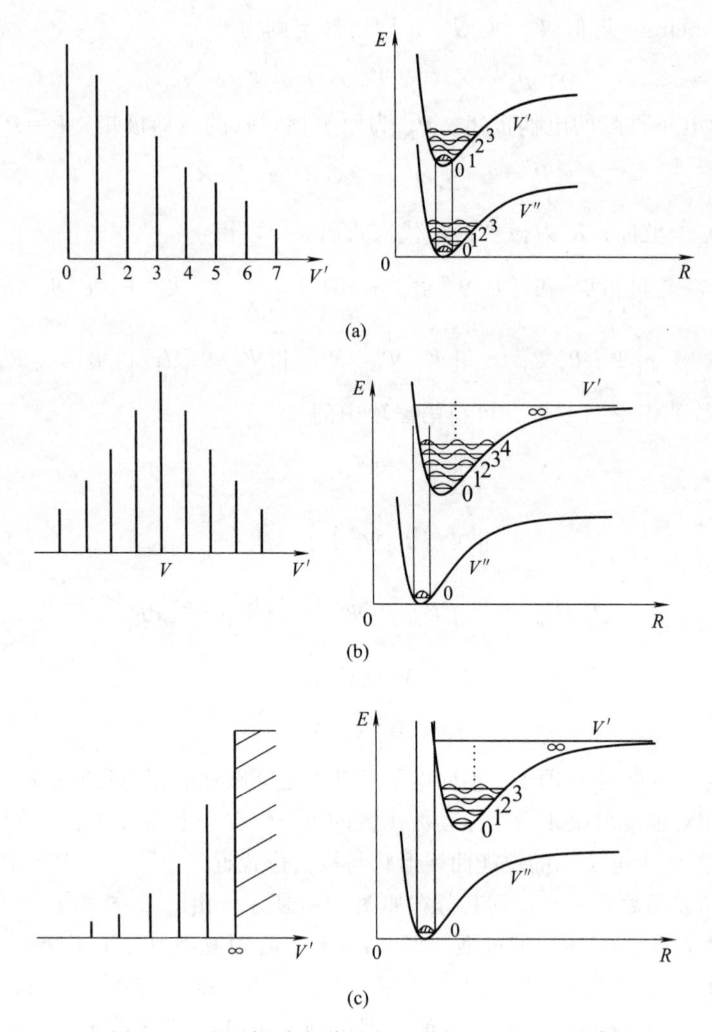

图 11-8 电子振动光谱强度的分布及其对应的解释

三、电子光谱的转动结构

在上面的讨论基础上进一步考虑分子的转动光谱，来研究不同振动态上的转动态间的跃迁，即电子光谱的转动结构，其谱线为

$$\tilde{\nu}=\tilde{\nu}_e+\tilde{\nu}_V+\tilde{\nu}_r$$

式中的 $\tilde{\nu}_e$ 和 $\tilde{\nu}_V$ 都是一个特定值，用 $\tilde{\nu}_0$ 表示。$\tilde{\nu}_r=F'_{V'}(J)-F''_{V''}(J)$，忽略 D_V 的影响，有

$$\begin{aligned}\tilde{\nu}&=\tilde{\nu}_0+B'_{V'}J'(J'+1)-B''_{V''}J''(J''+1)\\&=\tilde{\nu}_0+B'_{V'}J'^2-B''_{V''}J''^2+B'_{V'}J'-B''_{V''}J''\end{aligned}$$

由选择定则 $P_{n'V'J'n''V''J''}\neq 0$，可以得到转动能级间跃迁的条件是

$$\Delta J=J'-J''=\begin{cases}\pm 1 & \text{第一类电子跃迁}\\ 0,\pm 1 & \text{第二、三类电子跃迁}\end{cases}$$

首先，研究第一类电子态跃迁下的电子转动光谱规律，和上一章的振动-转动结构类似，这时的转动结构也分为 R 支和 P 支，具体如下：

① 当 $\Delta J=J'-J''=1$ 时，定义为 R 支，用 $\widetilde{\nu}_R$ 表示，光谱结构的表达式为

$$\widetilde{\nu}_R=\widetilde{\nu}_0+(B'_{V'}+B''_{V''})(J+1)+(B'_{V'}-B''_{V''})(J+1)^2;J=0,1,2,\cdots \tag{11-9}$$

② 当 $\Delta J=J'-J''=-1$ 时，定义为 P 支，用 $\widetilde{\nu}_P$ 表示，光谱结构的表达式为

$$\widetilde{\nu}_P=\widetilde{\nu}_0-(B'_{V'}+B''_{V''})J+(B'_{V'}-B''_{V''})J^2;J=1,2,3,\cdots \tag{11-10}$$

同样，上两式可以合并为

$$\widetilde{\nu}_m=\widetilde{\nu}_0+(B'_{V'}+B''_{V''})m+(B'_{V'}-B''_{V''})m^2;m=\pm1,\pm2,\pm3,\cdots \tag{11-11}$$

当 $m>0$ 时为 R 支，当 $m<0$ 时为 P 支。式中的 $\widetilde{\nu}_0$ 是带源，当取

$$m_0=-\frac{B'_{V'}+B''_{V''}}{2(B'_{V'}-B''_{V''})}$$

时，$\widetilde{\nu}_m$ 有极值，$\widetilde{\nu}_{m_0}$ 称为带头。若 $m_0>0$，出现极大值，带头在 R 支上；若 $m_0<0$，出现极小值，带头在 P 支上。其具体分布用图 11-9 所示的福特勒图描述。

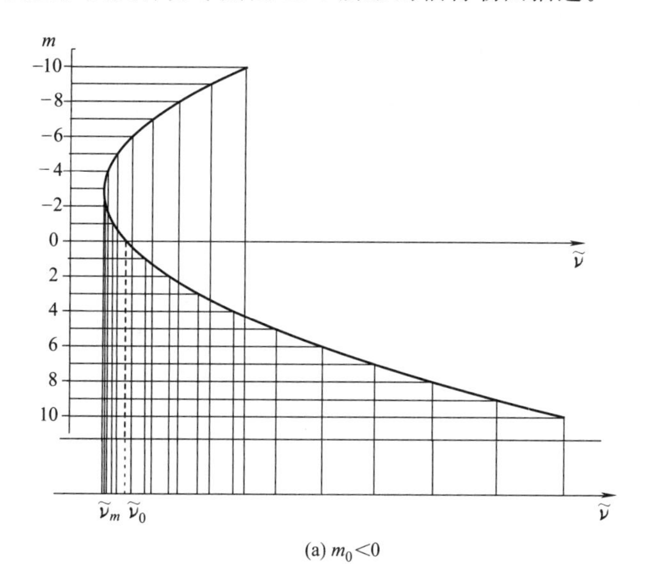

(a) $m_0<0$

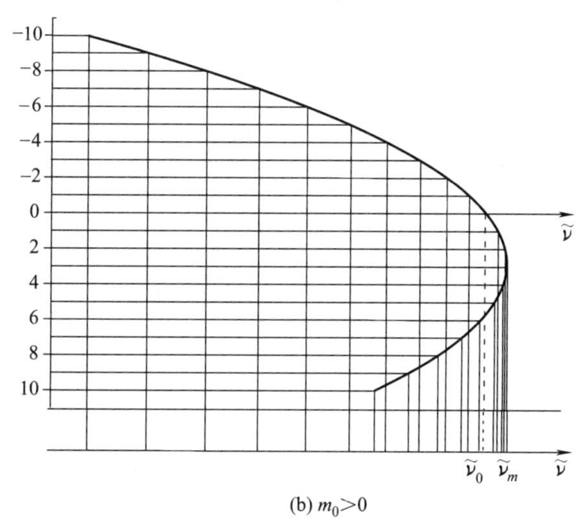

(b) $m_0>0$

图 11-9 用来描述电子光谱转动结构的福特勒图

其次，研究第二类和第三类电子态跃迁下的电子转动光谱规律。这时的电子光谱的转动结构的选择定则是 $\Delta J=0,\pm1$。其中，$\Delta J=\pm1$ 的跃迁对应的光谱结构为 R 支和 P 支，和前面讨论的第一类跃迁情况相同；$\Delta J=0$ 的光谱结构称为 Q 支，用 $\tilde{\nu}_Q$ 表示，相应的表达式为

$$\tilde{\nu}_Q=\tilde{\nu}_0+(B'_{V'}-B''_{V''})J+(B'_{V'}-B''_{V''})J^2;J=0,1,2,\cdots \tag{11-12}$$

当 $J=0$ 时，$\tilde{\nu}_Q=\tilde{\nu}_0$，所以 Q 支中带源真实存在。由式(11-12) 可知，Q 支分布在带源 $\tilde{\nu}_0$ 附近。

习　题

11-1　确定同核双原子分子的 ππ 电子组态形成的所有电子态。

11-2　解释 MO-LCAO 理论。

11-3　简述分子轨道的分离原子极限法模型。

11-4　写出氮气分子的基态和第一激发态的电子组态，并确定对应的电子态。

11-5　实验测到某分子在 500nm 附近具有一条发射光谱带，该谱带是该分子的（　　）引起的。

A. 电子跃迁　　　　B. 同一电子能级上的振动跃迁

C. 同一电子能级上的转动跃迁　　　　D. 同一振动能级上的转动跃迁

第十二章　双原子分子的拉曼光谱

分子的振动光谱和转动光谱位于红外区，常称为分子的红外光谱。前面讨论的双原子分子光谱（转动光谱、振动光谱）要求分子存在固有电偶极矩，所以异核双原子分子才具有相应的光谱。对于不具有固有电偶极矩的分子，例如 N_2、H_2、O_2、HD 分子，就无法通过红外光谱来研究分子的结构。光和物质的相互作用存在着多种多样的形式，例如分子对光的散射现象就是其中之一。通过研究散射光谱同样可以研究分子的结构，这种方法获得的光谱就是拉曼光谱。

拉曼光谱是一种光和物质相互作用的非弹性散射光谱。印度物理学家拉曼（Chandrasekhara Raman）于 1928 年在多种液体中发现这种散射效应，并于 1930 年获诺贝尔物理学奖。随着激光技术和检测技术的进步，有许多新的拉曼光谱技术被发现和应用。目前，拉曼光谱已经成为分子光谱学的一个重要分支，特别是激光拉曼光谱的发展，在科学研究和材料科学中发挥了重大的作用。拉曼光谱技术需要激发源提供的光子具有较大的能量 $h\nu$，一般采用单色光源。激光问世之前采用 Hg 435.8nm、404.7nm、253.7nm 的光作为激发源；激光问世后，主要采用 He-Ne 激光器的 632.8nm 激光，Ar^+ 激光器的 488.0nm、514.5nm 激光，红宝石激光器的 694.3nm 激光，YAG 激光器二倍频 532.0nm 激光和半导体激光器的 532.0nm 激光作为激发源。下面我们讨论拉曼光谱理论。

第一节　双原子分子转动拉曼光谱散射理论

一、拉曼散射的经典理论

如图 12-1 所示，XYZ 为固定坐标系，xyz 为分子的活动坐标系，两坐标系的 Y 轴和 y 轴重合垂直指向纸面，则活动坐标系中的 xz 平面与固定坐标系中的 XZ 平面重合。假定入射光子的电矢量方向沿 Z 轴，即 $E_Z = E_0\cos 2\pi\nu_0 t$。在 xyz 坐标系中电矢量的分量为 $E_x = E_Z\sin\theta$，$E_z = E_Z\cos\theta$。设 z 轴与 Z 轴的夹角为 θ，则 $\theta = 2\pi\nu_r t$，ν_r 为转动频率。当光波场 E_Z 与分子相互作用时，分子产生感生电偶极矩，在 x 轴和

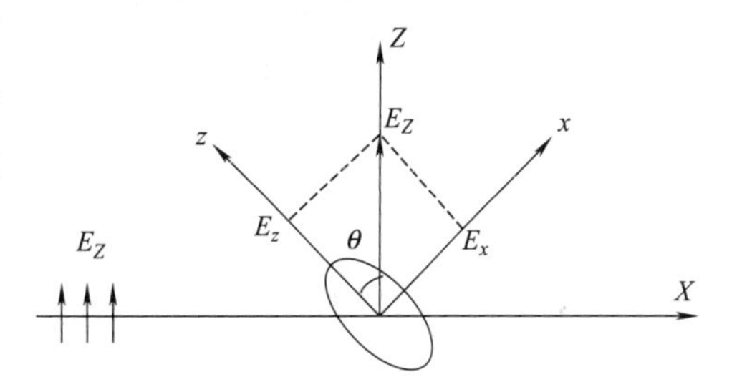

图 12-1　分子转动的拉曼光谱模型

z 轴的分量分别为 $P_x=\alpha_{\perp}E_x$ 和 $P_z=\alpha_{/\!/}E_z$，其中 $\alpha_{\perp}$ 为垂直于分子轴 z 的极化率，$\alpha_{/\!/}$ 为平行于分子轴 z 的极化率。感生电偶极矩在 X 和 Z 坐标轴上的分量 P_X 和 P_Z 分别为

$$
\begin{aligned}
P_X &= P_x\cos\theta - P_z\sin\theta \\
&= \alpha_{\perp}E_Z\cos\theta\sin\theta - \alpha_{/\!/}E_Z\sin\theta\cos\theta \\
&= E_Z\left(\frac{\alpha_{\perp}-\alpha_{/\!/}}{2}\right)\sin4\pi\nu_{\mathrm{r}}t
\end{aligned}
$$

$$
\begin{aligned}
P_Z &= P_x\sin\theta + P_z\cos\theta \\
&= \alpha_{\perp}E_Z\sin^2\theta + \alpha_{/\!/}E_Z\cos^2\theta \\
&= [\alpha_{\perp}+(\alpha_{/\!/}-\alpha_{\perp})\cos^2\theta]E_Z \\
&= E_Z\left(\frac{\alpha_{\perp}+\alpha_{/\!/}}{2}+\frac{\alpha_{/\!/}-\alpha_{\perp}}{2}\cos4\pi\nu_{\mathrm{r}}t\right)
\end{aligned}
$$

现在我们就 P_Z 和 P_X 做进一步讨论，当 $E_Z=E_0\cos2\pi\nu_0 t$ 时，ν_0 是激发频率，代入 P_Z 中，得

$$P_Z=E_0\frac{\alpha_{\perp}+\alpha_{/\!/}}{2}\cos2\pi\nu_0 t+\frac{\alpha_{/\!/}+\alpha_{\perp}}{4}E_0[\cos2\pi(\nu_0+2\nu_{\mathrm{r}})t+\cos2\pi(\nu_0-2\nu_{\mathrm{r}})t]$$

同理可得

$$P_X=\frac{\alpha_{\perp}-\alpha_{/\!/}}{4}E_0[\sin2\pi(\nu_0+2\nu_{\mathrm{r}})t+\sin2\pi(\nu_0-2\nu_{\mathrm{r}})t]$$

可见，感生电偶极矩有三种频率变化，即向空间有三种辐射，其辐射频率为 ν_0、($\nu_0+2\nu_{\mathrm{r}}$) 和 ($\nu_0-2\nu_{\mathrm{r}}$)。其中 ν_0 与入射光频率相同，称为瑞利散射；($\nu_0+2\nu_{\mathrm{r}}$) 位于 ν_0 的短波端，称为反斯托克斯拉曼散射；($\nu_0-2\nu_{\mathrm{r}}$) 位于 ν_0 的长波端，称为斯托克斯拉曼散射。

二、拉曼散射的量子解释

设分子原来处于基态，转动能级如图 12-2 所示。当受到入射光照射时，激发光与此分子的作用引起的极化可以看作虚的吸收，即电子吸收光子后跃迁到一个高能量状态，如果这个能态的能量和分子的电子态不同，称为虚能级，虚能级上的电子不像位于电子态的电子那样具有稳定的轨道可以长时间存在，所以立即跃迁回到原来所处的基态并发射光子，这就是光散射的量子解释。如果电子跃迁回基态时，所处的振动态、转动态和初始时相同，那么其发射光子的能量和入射光子能量 $h\nu_0$ 相同，称为瑞利散射。如果电子跃迁回基态时，所处的振动态或转动态发生了改变，则其发射光子的能量和入射光子不同，称为拉曼散射。图 12-3 为转动拉曼光谱散射的情况，其中出射光子能量为 ($h\nu_0-\Delta E$) 的散射是斯托克斯拉曼散射，出射光子能量为 ($h\nu_0+\Delta E$) 的散射是反斯托克斯拉曼散射。斯托克斯线的频率为

$$\nu=\frac{h\nu_0-\Delta E}{h}=\nu_0-\frac{\Delta E}{h}$$

反斯托克斯线的频率为

$$\nu=\nu_0+\frac{\Delta E}{h}$$

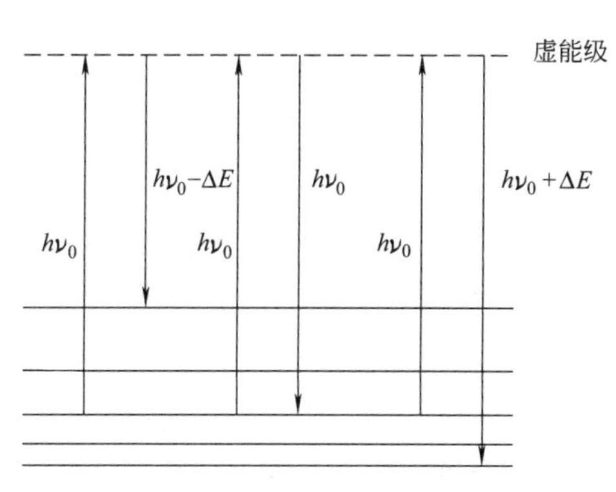

图 12-2 转动拉曼光谱散射的量子解释

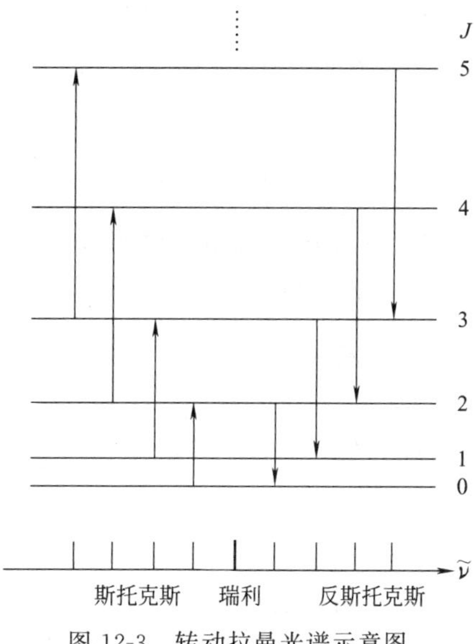

图 12-3 转动拉曼光谱示意图

三、转动拉曼光谱

考虑转动拉曼光谱的选择定则，由定义 $P_{J'J''}=\int\Psi^*_{J'M''}P\Psi_{J''M''}\mathrm{d}\tau$，其 Z 轴方向的表达式为

$$P_{ZJ'J''}=\langle J'M'|E_Z[\alpha_\perp+(\alpha_{/\!/}-\alpha_\perp)\cos^2\theta]|J''M''\rangle$$

求解得到 $P_{ZJ'J''}\neq0$ 的条件是 $\Delta J=0$，±2；$\Delta M=0$。

同理，由 $P_{XJ'J''}\neq0$ 得到 X 轴方向的散射光需要满足条件 $\Delta J=\pm2$。所以 $\Delta J=0$，±2 及 $\Delta M=0$ 为转动拉曼光谱的选择定则，其中，$\Delta J=0$ 对应瑞利散射，$\Delta J=\pm2$ 对应斯托克斯散射和反斯托克斯散射。

接下来讨论转动拉曼光谱的频率位移，采用刚性转子模型

$$F(J)=BJ(J+1);J=0,1,2,3,\cdots$$

得到
$$\Delta\tilde{\nu}=F(J+2)-F(J)=2B(2J+3)$$
和
$$\Delta\tilde{\nu}=F(J-2)-F(J)=-2B(2J+3)$$

拉曼光谱位移用 $|\Delta\tilde{\nu}|$ 表示，即 $|\Delta\tilde{\nu}|=2B(2J+3)$。

第二节 双原子分子的振动拉曼光谱

一、经典理论

分子振动时，极化率随着核间距变化，可以写成级数展开形式

$$\alpha=\alpha_0+\frac{\partial\alpha}{\partial r}\Big|_{r=r_e}(r-r_e)+\frac{1}{2}\times\frac{\partial^2\alpha}{\partial r^2}\Big|_{r=r_e}(r-r_e)^2+\cdots$$

对分子振动采用简谐振子模型，这时 $r-r_e=A\cos2\pi\nu_Vt$，极化率取前两项，有

$$\alpha=\alpha_0+\frac{\partial\alpha}{\partial r}\Big|_{r=r_e}A\cos2\pi\nu_Vt$$

设外加光场仍然取 Z 向入射，即 $E_Z=E_0\cos2\pi\nu_0 t$。光场与分子相互作用时的感生电偶极矩可表达为

$$P=\alpha E_0\cos2\pi\nu_0 t$$

$$=\alpha_0 E_0\cos2\pi\nu_0 t+\frac{\partial\alpha}{\partial r}\Big|_{r=r_e}\frac{AE_0}{2}[\cos2\pi(\nu_0+\nu_V)t+\cos2\pi(\nu_0-\nu_V)t]$$

显然，感生电偶极矩辐射的频率为 ν_0、（$\nu_0-\nu_V$）和（$\nu_0+\nu_V$），相应出现瑞利散射、斯托克斯散射和反斯托克斯散射。

二、振动拉曼光谱

由公式 $P_{V'V''}=\int\Psi_{V'}P\Psi_{V''}\mathrm{d}\tau\neq0$，采用非简谐振子波函数求解，可得振动拉曼跃迁的选择定则为 $\Delta V=\pm1,\pm2,\pm3,\cdots$，相应的振动拉曼光谱为

$$|\Delta\nu_0|=G(V')-G(V'')$$

室温下，分子的价电子处于基态，分子振动也大多数处于基态。绝大多数情况下，斯托克斯散射起始于振动基态，反斯托克斯散射最终回到振动基态，所以振动拉曼散射跃迁对应于分子的电子基态上的振动（0—V）带，相应的能级跃迁原理如图 12-4 所示。如果散射时振动态发生变化，依附其上的转动态随之变化，所以纯振动拉曼光谱不存在，相应的光谱为振动-转动光谱。

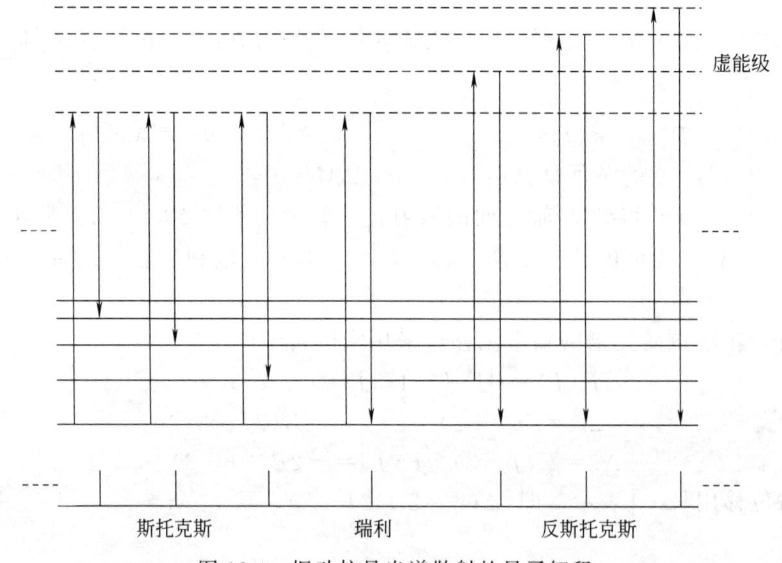

图 12-4 振动拉曼光谱散射的量子解释

三、振动-转动拉曼光谱

振动-转动拉曼光谱的选择定则为 $\Delta V=\pm1,\pm2,\pm3,\cdots$ 及 $\Delta J=0,\pm2$。一般获得的是振动基谱下的转动光谱，根据式(12-19) 整理，并忽略 D_V 项，得

$$|\Delta\tilde{\nu}|=\Delta\tilde{\nu}_0+B'J'(J'+1)-B''J''(J''+1)$$

由选择定则光谱可以分为 3 个分支，即

$\Delta J=0$ 时为 Q 支，相应的光谱为

$$|\Delta\tilde{\nu}|_Q=\Delta\tilde{\nu}_0+(B'-B'')J+(B'-B'')J^2;J=0,1,2,3,\cdots$$

$\Delta J=2$ 时为 S 支，相应的光谱为

$$|\Delta\tilde{\nu}|_S=\Delta\tilde{\nu}_0+6B'+(5B'-B'')J+(B'-B'')J^2;J=0,1,2,3,\cdots$$

$\Delta J=-2$ 时为 O 支，相应的光谱为

$$|\Delta\tilde{\nu}|_O=\Delta\tilde{\nu}_0+2B'+(3B'+B'')J+(B'-B'')J^2;J=2,3,4,\cdots$$

分子的振动拉曼跃迁主要发生在电子基态上的（0—V）带。当 V 较小时，$B'\approx B''$。这时，$|\Delta\tilde{\nu}|_Q=\Delta\tilde{\nu}_0$，Q 支的转动谱线集中于振动的某一拉曼谱线上；$|\Delta\tilde{\nu}|_S=\Delta\tilde{\nu}_0+6B'$，S 支谱线分布在 Q 支的短波端；$|\Delta\tilde{\nu}|_O=\Delta\tilde{\nu}_0+2B'(1-J)$，O 支分布在 Q 支的长波端。

以上讨论了拉曼光谱，拉曼光谱与红外光谱相比较，有以下不同：

(1) 发光机制不同，无红外活性的分子（同核双原子分子）也可用拉曼光谱来研究其振动、转动结构。

(2) 拉曼光谱中，分子的能级结构与激发频率无关，仅与拉曼频移有关，一般用可见光激发，而不采用红外光激发，目的是便于观测。

(3) 拉曼光谱中，激光作为光源还可以研究散射光的退偏振度，研究分子的构造及分子的对称类型。

习　题

12-1　下面各组中的双原子分子可以观测到振动吸收带的是（　　）。

A. HCl、O_2　　B. HF、CO　　C. N_2、H_2　　D. N_2、CO

12-2　散射光频率低于入射光频率的分子散射光谱是（　　）。

A. 拉曼光谱　　B. 瑞利散射　　C. 斯托克斯散射　　D. 反斯托克斯散射

12-3　解释振动拉曼光谱中斯托克斯散射强于反斯托克斯散射的现象。

12-4　用波长 532nm 的激光器作为激发光源，测得某样品拉曼光谱中斯托克斯线的波长为 580nm，那么拉曼频移量为______ m^{-1}，对应的反斯托克斯线的波长为______ nm。

第十三章　高分辨激光光谱技术

自 20 世纪 60 年代末实现可调谐激光器以来，光谱学的研究获得了飞速的发展。以激光作为光源，不仅可以研究物质的化学成分和微观结构等传统光谱领域的内容，而且可以研究大量全新的光谱学相关领域的内容。目前激光光谱技术包括多普勒限制下的激光吸收光谱和荧光光谱、非线性激光光谱、激光拉曼光谱、分子束激光光谱、时间分辨激光光谱、相干光谱等。

采用可调谐激光器研究光谱具有传统光谱学无法比拟的优势。在光谱分辨率方面，传统光谱学的光谱分辨率受光谱仪的分辨能力限制，只有体积巨大、极为贵重的仪器（如傅里叶光谱仪）才能达到多普勒极限，一般商品化的光谱仪分辨率远大于谱线的多普勒宽度，而大多数的激光光谱技术并不需要光谱仪，其光谱分辨率远大于传统技术，利用消多普勒展宽的方法，可以达到亚多普勒精度。激光光谱技术探测原子、分子的灵敏度极高，甚至可以探测单个的原子或分子，测定粒子的量子态。激光光谱技术可以高精度地测量原子、分子跃迁的谱线线型，研究原子、分子的碰撞效应，瞬态过程和快速弛豫等微观现象。激光光谱研究已经扩展到环境、生物、医学等众多领域。

激光光谱学的内容极其丰富，发展非常迅速，本章仅介绍几种亚多普勒的高分辨激光光谱技术和激光拉曼光谱技术。

第一节　亚多普勒展宽光谱技术

一、饱和吸收光谱技术

饱和吸收光谱技术是在原子汽室中直接消除多普勒加宽的简便有效的激光光谱方法，其分辨率高，在激光频率频标的标定、激光制冷等方面具有广泛应用。

饱和吸收光谱技术的光谱分辨率不再受多普勒展宽的影响，而是取决于宽度更小的兰姆凹陷。对一个能级差为 ΔE 的二能级原子系统，设上、下能级的粒子数分别为 N_2、N_1，则有关系式

$$\frac{N_2}{N_1+N_2}=\frac{1}{2+A/[B\rho(\nu)]}$$

式中，A 为自发辐射系数；B 为受激辐射（吸收）系数；$\rho(\nu)$为辐射场的能量密度。当频率为 $\nu_0=\Delta E/h$ 的强光（泵浦光）和二能级系统相互作用时，$B\rho(\nu_0)\gg A$，相应的公式变为

$$\frac{N_2}{N_1+N_2}\approx\frac{1}{2}$$

即上、下能级的粒子数近似相等，该状态称为饱和状态，这时原子对频率为 υ_0 共振光的吸收会明显降低。如果用另外一束可调谐的弱光（探测光）入射二能级系统，在频率为 υ_0 处透射光强度比没有加泵浦光时会明显增强，从而在扫描弱光的频率所测量到原子的吸收谱线中，在频率为 υ_0 处出现一个反向的小峰，称为兰姆凹陷。兰姆凹陷的宽度与自然线宽相当，比多普勒线宽要小 1～2 个数量级，因此利用饱和吸收光谱技术可以对因多普勒展宽造成重叠、无法精确测量的谱线进行准确测量。

饱和吸收光谱技术的实验装置将两束具有相同频率的光沿着相反方向入射样品，并对透射出的探测光强随着激光频率的变化关系进行监测。常用的实验装置如图 13-1 所示，其中 DL 指的是可以在一定范围内扫描波长的窄带可调谐激光器。图中两个偏振分束器（PBS）和一个法拉第旋光器构成一个光隔离器。DL 出射的激光经光隔离器后被半透半反镜 BS1 分成两束，其中一束方向不变入射到波长计中，用来测量激光的波长。另一束入射到光分束器 BS2 上进一步分为两束，其中大部分的光透射后被全反镜 M1 和半透半反镜 BS3 反射后作为泵浦光入射到原子池中；少部分的光通过光衰减器后，作为探测光以泵浦光完全相反的反向入射到原子池中，之后经半透半反镜 BS3 后被光电探测器检测。目前光电探测器接入的数据处理系统通常是计算机控制处理系统，该数据处理系统可以在计算机的相应控制软件上显示探测器输出电流（正比于探测光强）随激光器在一个扫描周期内的工作电流（正比于激光波长）变化的曲线，该曲线可等效为探测光强随激光波长变化的关系曲线，此即为原子相应能级跃迁的饱和吸收光谱。

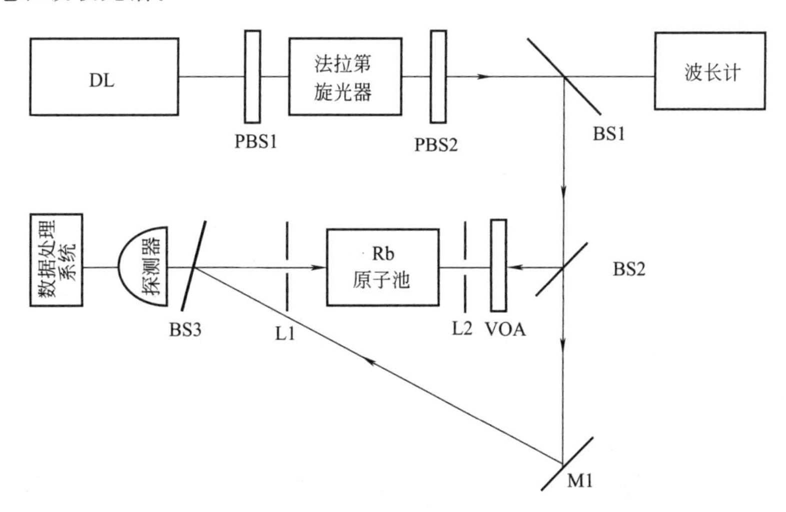

图 13-1　饱和吸收光谱技术的实验装置图

图 13-1 中，PBS1 和 PBS2 为偏振分束器；BS1 和 BS3 为半透半反镜；BS2 为 30%反射的光分束器；L1 和 L2 为光阑；VOA 为可调光衰减器。

铷原子的 D 线是由 $5^2P_{1/2,3/2}\rightarrow5^2S_{1/2}$ 跃迁产生的精细结构谱线。其中，$5^2P_{1/2}\rightarrow5^2S_{1/2}$ 跃迁谱线的波长在 795nm 附近，称为 D1 线；$5^2P_{3/2}\rightarrow5^2S_{1/2}$ 跃迁谱线的波长在 780nm 附近，称为 D2 线。在元素的同位素效应和核自旋效应作用下，原子光谱的精细结构进一步分

裂为谱线的超精细结构。图 13-2 为实验测量的铷原子 D2 线的超精细结构。

自然界中的铷有两种同位素，即^{85}Rb（72.2%）和^{87}Rb（27.8%）。在超精细结构中由于原子核自旋产生的磁矩与电子运动产生的磁场相互作用，使得能级进一步分裂。^{85}Rb 的核自旋量子数 $I=5/2$，^{87}Rb 的 $I=3/2$。

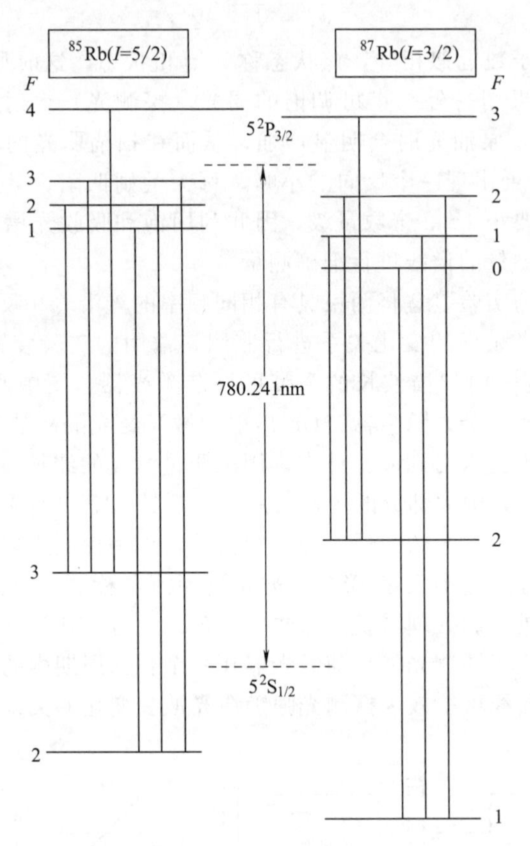

图 13-2 ^{85}Rb 和^{87}Rb 的 D2 线的超精细结构

^{85}Rb 的基态 $5^2S_{1/2}$ 有 2 个超精细能级结构（$F=2,3$），激发态 $5^2P_{3/2}$ 有 4 个超精细能级结构（$F=1,2,3,4$）；^{87}Rb 的基态 $5^2S_{1/2}$ 有 2 个超精细能级结构（$F=1,2$），激发态 $5^2P_{3/2}$ 有 4 个超精细能级结构（$F=0,1,2,3$）。相应的^{87}Rb 的 D2 线的超精细吸收跃迁为 $5_2^2S_{1/2}\rightarrow5_{1,2,3}^2P_{3/2}$ 和 $5_1^2S_{1/2}\rightarrow5_{0,1,2}^2P_{3/2}$，^{85}Rb 的 D2 线能级超精细吸收跃迁为 $5_3^2S_{1/2}\rightarrow5_{2,3,4}^2P_{3/2}$ 和 $5_2^2S_{1/2}\rightarrow5_{1,2,3}^2P_{3/2}$。总之，Rb 的 D2 线共有 12 条超精细谱线。铷原子 D2 线的饱和吸收光谱见图 13-3。

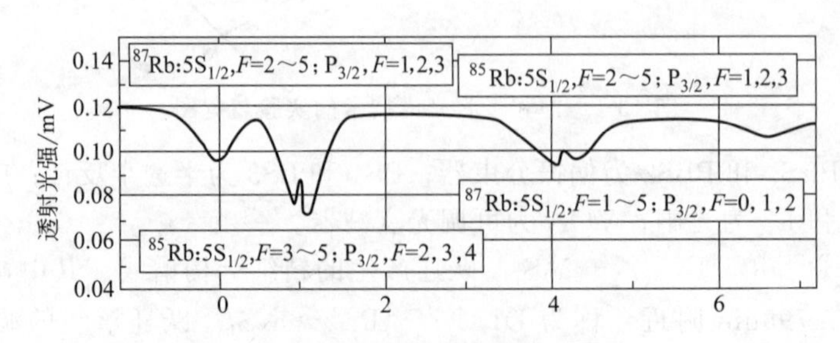

图 13-3 铷原子 D2 线的饱和吸收光谱

二、偏振调制光谱技术

图 13-4 为偏振调制光谱技术通常采取的光路图。这里仍然以铷原子为例，图中两个偏振分束器（PBS）和一个法拉第旋光器构成一个光隔离器。DL 出射的激光经光隔离器后被半透半反镜 BS1 分成两束，其中一束方向不变入射到波长计中，用来测量激光的波长。另一束入射到光分束器 BS2 上进一步分为两束，其中大部分的光（例如 90%）透射并被全反镜 M1 反射后，再通过一个偏振分束器 PBS4 和一个 $\lambda/4$ 波片（QWP），作为泵浦光入射到铷原子池中；少部分弱光（例如 10%）通过光衰减器后经过偏振分束器 PBS3，作为探测光以与泵浦光完全相反的方向入射到铷原子池中，之后经过偏振分束器 PBS5 被光电探测器检测，接入的数据处理系统在计算机上进行操作。可以看出，偏振调制光谱的光路和饱和吸收光谱的光路相似，区别是探测光路中加入了两个偏振分束器 PBS3 和 PBS5，泵浦光路中加入了偏振分束器 PBS4 和一个 $\lambda/4$ 波片。

将偏振分束器 PBS3 和 PBS4 的透光方向调节为平行线偏振，PBS5 的透光方向调节为接近垂直线偏振。设存在一个直角坐标系，则 PBS3 的透光偏振方向为 x 轴方向，PBS5 的透光偏振方向与 y 轴有一个很小的夹角 θ，探测光的入射原子池方向为 z 轴方向。当探测光穿过 PBS3 后就变成了平行线偏振光，再经过原子池后入射到线偏振器 PBS5（用来作为检偏器）上。PBS3 与 PBS5 差不多正交，其夹角为（$\pi/2-\theta$），则探测光只有 $E_1=E_0\sin\theta$ 的电场强度分量可以通过 PBS5 而到达探测器。而泵浦光经过平行线偏振的 PBS4 和 $\lambda/4$ 波片后变成圆偏振光，以与探测光相反的方向入射到铷原子池。

根据偶极跃迁定则，原子跃迁时磁量子数的选择定则是 $\Delta M=0,\pm1$，其中 $\Delta M=1$ 对应左旋圆偏振光激发，$\Delta M=-1$ 对应右旋圆偏振光激发，$\Delta M=0$ 对应平面偏振光激发。平衡态时，原子在各个方向上的取向均匀。设入射的泵浦光为左旋圆偏振光，其通过原子池后，原子中某种角动量取向的原子吸收了泵浦光的光子而出现吸收饱和。在剩余的基态原子中由于缺少这种角动量取向的原子而使角动量变得取向不均匀，从而使原子池变成各向异性介质。

平行线偏振的探测光入射到原子池时，分解为同等电场强度的左旋圆偏振光和右旋圆偏振光。通过原子池时，由于原子已经对左旋圆偏振光吸收饱和而不再吸收，右旋圆偏振光被原子正常吸收而电场强度减弱。出射时，两种圆偏振光的电场强度不同，其合成光不再是线偏振光，而变成了椭圆偏振光。泵浦光使原子池变为了各向异性介质，两种圆偏振光由于通过介质时对应的折射率不同，出射时存在光程差，结果造成了出射时合成的椭圆偏振光主轴稍微偏离了 x 轴方向。

在图 13-4 所示的光路中，垂直线偏振的探测光沿 z 轴方向传播，其表达式为 $E=E_0e^{i(\omega t-kz)}$，其中 $E_0=\{E_{0x},0,0\}$。设原子池的长度为 L，探测光出射原子池时，两个偏振成分受到不同程度的衰减，两光的分量差为

$$\Delta E=(E_0/2)[e^{-(\alpha^+/2)L}-e^{-(\alpha^-/2)L}]$$

式中，α^+ 为左旋圆偏振光的吸收系数；α^- 为右旋圆偏振光的吸收系数。同时由于两偏振光的介质各向异性，出射时存在的相位差为

$$\Delta\phi=(k^+-k^-)L=\frac{\omega L}{c}(n^+-n^-)$$

式中，k^+ 为左旋圆偏振光的传播常数；k^- 为右旋圆偏振光的传播常数；n^+ 为左旋圆偏振光的折射率；n^- 为右旋圆偏振光的折射率。出射处，合成的椭圆偏振光在 y 轴方向的

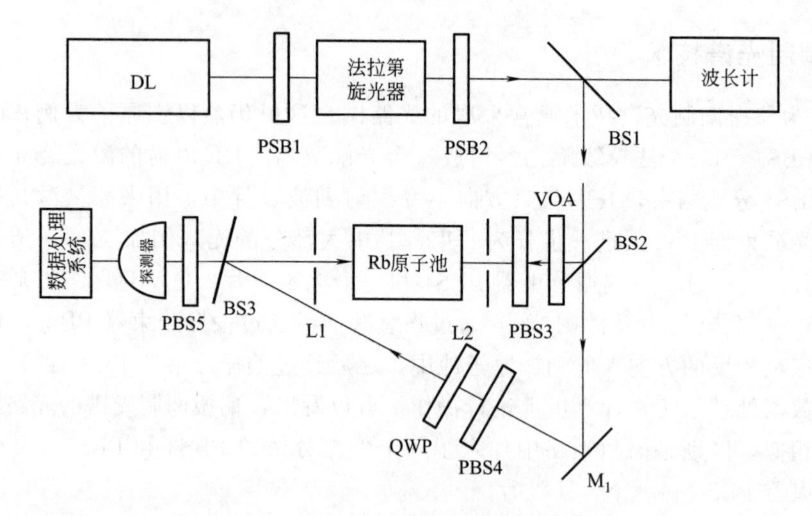

图 13-4　偏振调制光谱技术的实验装置图

其中，PBS 为偏振分束器；BS1 和 BS3 为半透半反镜；BS2 为 10％反射的光分束器；L1 和 L2 为光阑；VOA 为可调光衰减器；QWP 为 $\lambda/4$ 波片

分量为

$$E_y=-i(E_0/2)e^{i[k^+-k^-+i(\alpha^+-\alpha^-)/2]L}e^{i(\omega t+\phi)}$$

通常情况下，$\Delta\alpha=(\alpha^+-\alpha^-)$和 $\Delta k=(k^+-k^-)$都很小，满足$(\alpha^+-\alpha^-)L\ll 1$，$(k^+-k^-)\ll 1$。PBS5 的透光偏振方向接近 y 轴方向，一级近似下探测光通过后的电场强度振幅为

$$E_t=E_0[\theta+(\omega L/2c)(n^+-n^-)+i(\alpha^+-\alpha^-)L/4]e^{i(\omega t+\phi)}$$

式中的$(\alpha^+-\alpha^-)$随频率的变化关系可以表达为

$$\Delta\alpha=\Delta\alpha_0/(1+x^2)$$

$$x=(\omega_0-\omega)/\gamma$$

式中，$\Delta\alpha_0$ 为共振跃迁频率 ω_0 处的两个吸收系数之差；γ 为谱线的自然线宽。根据 $\Delta n=(n^+-n^-)$可求出

$$\Delta n=\Delta\alpha_0\frac{c}{\omega_0}\times\frac{x}{1+x^2}$$

所以探测器前的光强为

$$I_t=I_0\left[\xi+\theta^2+\frac{1}{2}\theta\Delta\alpha_0 L\,\frac{x}{1+x^2}+\frac{1}{4}(\Delta\alpha_0 L)^2\,\frac{1}{1+x^2}\right]$$

$I_0\xi$ 为 $\theta=0$ 时检偏器 PBS5 的残余透射光强。探测器探测的信号由三部分组成，其中 $I_0(\xi+\theta^2)$为常数项，$\frac{1}{2}\theta\Delta\alpha_0 L\,\frac{x}{1+x^2}$为色散项，$\frac{1}{4}(\Delta\alpha_0 L)^2\,\frac{1}{1+x^2}$为洛伦兹线型项。可以通过调节夹角 θ 来控制线型。当 θ 较大时，以色散项为主，谱线呈非对称线型；当 $\theta=0$ 时谱线为洛伦兹线型。

三、双光子共振非简并四波混频

双光子共振非简并四波混频（NFWM）是一种纯光学测量原子里德堡态的方法，其光路简单，检测的是相干光，而不是电子或离子信号，当用窄带宽的激光时，该技术对里德堡能级的窄光谱结构分析可以获得消多普勒的分辨率。

1. 里德堡态及传统测量方法

里德堡态是原子或分子中电子跃迁到主量子数 n 较高的轨道上所形成的高激发电子态。这时处于外层的激发电子离原子实很远，可以近似地看作一个电子在一个电荷为+e 的库仑场中运动，不存在贯穿轨道，即为类氢原子。里德堡态原子中，被激发的电子的轨道半径大致等于 n^2a_0，其中 n 是主量子数，a_0 是玻尔半径。里德堡态原子被激发的电子只是非常弱地被原子核所束缚，其辐射寿命与 n^3 成正比。由于被激发电子的轨道很大，所以具有大 n 值的两个邻近的里德堡态之间的跃迁概率非常高，里德堡态原子间的相互作用也非常强。上述特性使对里德堡态原子的研究变得非常有意义。

早期对里德堡态原子的激发大多利用气体放电或紫外单光子吸收方法。可调谐激光器的应用使里德堡态原子的研究工作得到了新的发展。利用两束或两束以上可调谐激光分步激发，可以使单一的里德堡态得到布居。被激发到里德堡态的原子可以再吸收光子而电离。这种激光分步激发和电离的方法在 20 世纪 70 年代后期形成共振电离光谱学。这一光谱技术广泛应用于原子高激发态的实验研究工作中。近年来，借助高强度可调谐激光，对里德堡态的激发较多地使用了双光子吸收过程。

对原子里德堡态的检测，可以通过光电离和电子倍增方法进行；在热管炉或热离子二极管中，碰撞电离也是检测里德堡态的一种有效方法；而最有效的方法是场电离，原子在外电场强度大于原子第一电离能时电离，在较强的电场中，电离速率足以使里德堡态在辐射衰变以前全部离化，所以利用脉冲电场使原子电离并用电子倍增方法检测电子或离子，该技术是近年来广泛使用的一种检测技术。

2. 双光子共振非简并四波混频

四波混频是指有四个相互作用的光波参与的非线性过程。在弱相互作用情况下，这是一个三阶参量过程，决定作用过程的是非线性介质的三阶极化强度。与二阶过程不同，不管介质是否具有反演对称性，三阶过程在所有介质中都是允许的。由于四波混频在各种介质中都很容易被观测到，而且变化形式很多，所以四波混频已经得到许多很有意义的应用。例如，可以用它来把可调谐相干光源的频率范围扩展到红外和紫外；在简并的情况下，四波混频对于自适应光学中的波前再现是很有用途的；在材料研究中，共振四波混频技术是强有力的光谱分析工具；共振增强的简并四波混频和非简并四波混频是研究分子和原子的重要工具。

将具有共振中间态的双光子共振非简并四波混频应用于原子里德堡态的测量，它的优点在于其检测的不是里德堡态发出的荧光，而是中间态（常取第一激发态）和基态这两个强耦合态之间跃迁而产生的相干辐射——四波混频信号。在双光子共振非简并四波混频中，中间态的共振增强可以将信号强度提高几个数量级。下面是它的测量原理。

具有共振中间态的双光子共振非简并四波混频是一个有三束入射光参加作用的三阶非线性过程。它的光路如图 13-5(a) 所示。光束 2 和 2′具有相同的频率 ω_2 并成一个很小的夹角 θ，频率 ω_1 的光束 1 沿与光束 2 相反的方向入射到样品上。

图 13-5(b) 所示为级联三能级系统，基态 $|0\rangle$ 和中间态 $|1\rangle$ 之间、中间态 $|1\rangle$ 和激发态 $|2\rangle$ 之间分别通过共振频率 Ω_1、Ω_2 耦合，基态 $|0\rangle$ 与激发态 $|2\rangle$ 之间的跃迁是偶极禁戒的。如果 $\omega_1 \approx \Omega_1$，$\omega_2 \approx \Omega_2$，则光束 1 引起 $|0\rangle$ 到 $|1\rangle$ 的跃迁，光束 2 引起 $|1\rangle$ 到 $|2\rangle$ 的跃迁，这是一个双光子跃迁过程。光束 1、2 通过双光子跃迁感生基态 $|0\rangle$ 和激发态 $|2\rangle$ 之间的相干。

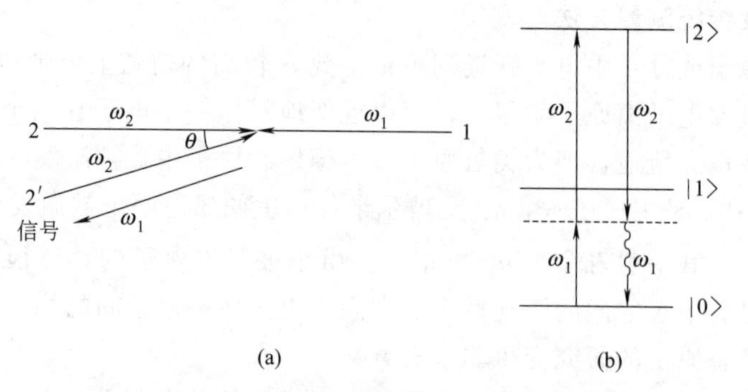

图 13-5　双光子共振非简并四波混频

该原子相干可以通过光束 2′来进行探测，从而产生了频率为 ω_1，沿与光束 2′几乎相反的方向传播的 NFWM 信号光。

NFWM 信号的强度 I 可以表达为

$$I \propto \frac{1}{(\Gamma_{10}^2+\Delta_1^2)^2[\Gamma_{20}^2+(\Delta_1+\Delta_2)^2]} \tag{13-1}$$

$$\Delta_1=\Omega_1-\omega_1$$

$$\Delta_2=\Omega_2-\omega_2$$

式中，$\Delta_i(i=1,2)$为原子的偶极跃迁频率 Ω_i 与入射光频率 ω_i 的失谐量；Γ_{n0} 为能级 $|n\rangle$和$|0\rangle$之间的横向弛豫速率。从上式可以看出，如果改变入射光的频率，当入射光 1、2 的频率之和（$\omega_1+\omega_2$）与原子的偶极跃迁频率之和（$\Omega_1+\Omega_2$）相同（即双光子共振）时，NFWM 信号会出现一个峰值，信号峰的线型为洛伦兹线型，线宽（FWHM）为 $2\Gamma_{20}$。在具体实验中，一般固定频率 ω_1，改变入射光的频率 ω_2 来测量 NFWM 信号的强度，就可以得到 NFWM 的频谱。频谱中信号峰对应的入射光频率即为原子的偶极跃迁频率 Ω_2。通过测量信号峰的线宽可以获得能级$|2\rangle$和$|0\rangle$之间的横向弛豫速率 Γ_{20}，这是传统测量方法不能测到的。

下面是一个使用具有共振中间态的双光子共振非简并四波混频研究 Ba 原子的里德堡态的具体实验。实验选取 Ba 原子的基态 $6s^{2\,1}S_0$ 作为$|0\rangle$，中间态 $6s6p\,^1P_1$ 作为$|1\rangle$，里德堡态（$6sns\,^1S_0$、$6snd\,^1D_2$ 和 $6snd\,^3D_2$）作为$|2\rangle$，组成了图 13-5(b) 中所示的三能级系统。使用两台染料激光器输出激光，其中一台产生固定频率为 ω_1 的激光束作为光束 1，另一台染料激光器在整个可调频率范围内扫描 ω_2。由于相位匹配可以在很宽的频率范围内实现，所以在整个的扫描过程中不需要对光路配置进行调整。图 13-6 为 NFWM 信号强度与输出波长 λ_2（417～434nm）的关系曲线。图中的 NFWM 光谱显示了 Ba 原子对应于偶宇称 $J=0$ 的 $6sns\,^1S_0(n=16\sim31)$、$J=2$ 的 $6snd\,^1D_2(n=14\sim36)$和 $6snd\,^3D_2(n=15\sim29)$里德堡线系。图中全部谱线的包络线反映了激光器中染料的荧光谱的形状。通过测量各里德堡态峰值对应的波长位置，可以得到里德堡线系能级的能量。

与现代实验技术相比，双光子共振非简并四波混频技术具有显著的特点。第一，非简并四波混频对位相匹配条件要求不严格，可以在很大的频率范围内实现位相匹配，从而在整个扫描过程中不需要对光路进行调节。第二，信号是相干光，易于检测。中间态的共振增强可以将信号强度提高几个数量级。第三，该方法是纯光学方法，所采用的光路配置简单，易于实现。第四，当使用窄带激光器时，双光子共振非简并四波混频可以获得消多普勒的高分辨

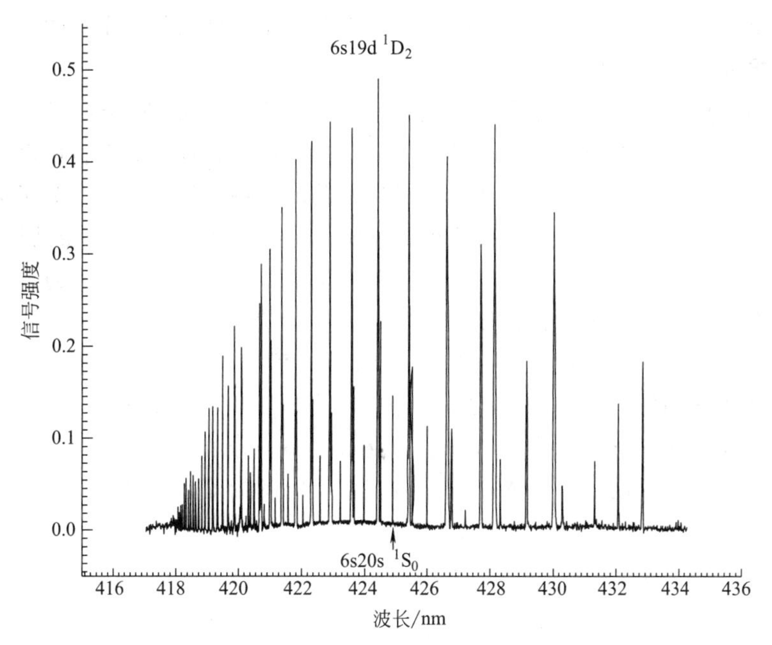

图 13-6 NFWM 信号强度与输出波长 λ_2 的关系曲线

率。这是因为在其所采取的光路配置中，只有沿 z 轴方向具有速度 $v \approx \Delta_1/k_1$ 的原子群对四波混频信号有贡献。

第二节 激光拉曼散射光谱

当光照射介质时，光除被介质吸收、反射和透射外，还有一部分被介质散射。散射光按频率大小可分成三类：第一类散射光的频率与入射光频率 ν 基本相同，称为瑞利（Rayleigh）散射；第二类散射光的频率改变较大（$|\Delta\nu| > 3\times10^{10}$ Hz 或 $|\Delta\nu| > 1\text{cm}^{-1}$），称为拉曼散射（是在 1928 年由印度科学家 C. V. Ramam 发现）；介于上述两者之间的叫布里渊（Brillouin）散射。

这三类散射光的强度差别很大，瑞利散射通常比其他两种强得多，一般可达入射光强的 1/1000 左右。拉曼散射通常很弱，强拉曼散射的强度也只有瑞利散射的 1/1000 左右。随着 20 世纪 60 年代激光的问世，以强激光为光源，拉曼光谱得到迅速发展，形成激光拉曼光谱。

在拉曼散射光谱中，把小于入射光波频率的散射谱线叫斯托克斯（Stockes）线，大于入射光波频率的散射谱线叫反斯托克斯（Anti-Stockes）线。通常斯托克斯线的强度大于反斯托克斯线的强度。拉曼散射光谱反映了介质的原子、分子和电子的空间配置和运动状态，在化学、物理、生命科学和地质学上都有广泛的应用。上一章里我们介绍了双原子分子的拉曼散射光谱，本节进一步介绍复杂分子的拉曼散射光谱。

一、复杂分子拉曼散射的基本原理

引起分子能量变化的运动由三个部分组成，即分子中的电子运动、组成分子的各原子的核在其平衡点附近的振动和分子的整体转动。这里以振动引起的拉曼光谱为例研究复杂分子的拉曼散射，下面先介绍一下复杂分子振动的机理及分子振动与拉曼散射谱线的关系。

1. 分子的振动

对于在直角坐标系中一个多原子分子的运动，如果分子是由 N 个原子组成的，则该分子具有 $3N$ 个自由度。其中分子的平动具有 3 个自由度，转动具有 3 个自由度，分子振动具有（$3N-6$）个自由度。如果用直角坐标描述分子振动的瞬时位移，则当分子振动时，每个坐标都沿着一个极为复杂的、盘旋而曲折的曲线运动，而使整个分子的振动情况非常复杂。分子的这种复杂振动可分解为（$3N-6$）个简正振动。下面以 H_2O 分子为例进行说明。一个水分子具有 $3N-6=3$ 个振动自由度。整个分子的复杂振动可以分解为如图 13-7 所示的三种简正振动。在每种振动中组成分子的每个原子核都沿着箭头所示方向往复地做简谐振动。它们的振动频率和位相都相同，但是具有不同的振幅，这种振动称为简正振动。不同的简正振动具有不同的简正频率，整个水分子的复杂振动可分解为（$3N-6$）种简正振动。如果用简正坐标描述简正振动，一个简正坐标对应一个频率的简正振动，则（$3N-6$）种简正振动的简正坐标为（$q_1, q_2, q_3, \cdots, q_{3N-6}$）。

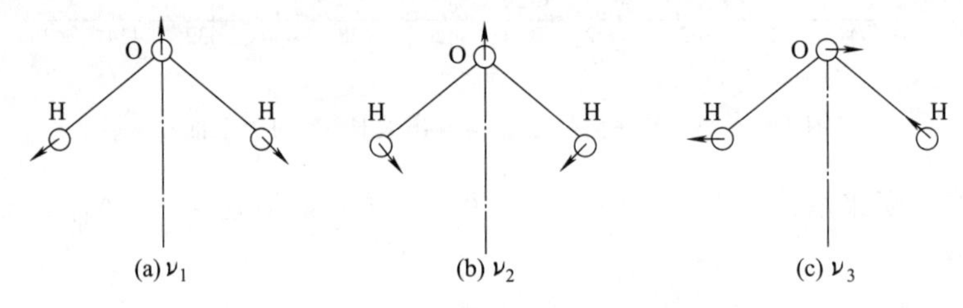

图 13-7　水分子的振动方式

每个简正坐标都以它所对应的简正频率 ω_i 做着简谐振动，即

$$q_i = Q_i \cos(\omega_i t + \varphi_i) \tag{13-2}$$

式中，Q_i 为振幅；φ_i 为振动的位相。注意每个简正坐标都是描述整个分子振动的。引入简正坐标就意味着用一套独立振动的谐振子来代替复杂的耦合振动系统。

以水分子的振动为例来说明简正坐标，对图 13-7 所示的三种简正振动来说，应该用三个相应的简正坐标描述

$$\begin{aligned} q_1 &= Q_1 \cos(\omega_1 t + \varphi_1) \\ q_2 &= Q_2 \cos(\omega_2 t + \varphi_2) \\ q_3 &= Q_3 \cos(\omega_3 t + \varphi_3) \end{aligned} \tag{13-3}$$

分子振动时，随着原子核之间的相对变化，分子极化率也会发生变化。可以认为，分子的极化率 α 是描述分子振动的简正坐标的函数

$$\alpha = f(q_1, q_2, q_3, \cdots, q_{3N-6}) \tag{13-4}$$

根据泰勒定理展开为

$$\alpha = \alpha_0 + \sum_{i=1}^{3N-6} \left(\frac{\partial \alpha}{\partial q_i}\right)_0 q_i + \frac{1}{2} \sum_{i,j} \left(\frac{\partial^2 \alpha}{\partial q_i \partial q_j}\right)_0 q_i q_j + \cdots \tag{13-5}$$

式中，α_0 为分子在平衡位置时的极化率；$\left(\frac{\partial \alpha}{\partial q_1}\right)_0$ 为分子极化率随着频率为 ω_i 的简正振动而发生变化，右下角的角标“0”是分子在平衡位置时的偏导数值。将式(13-2)代入式(13-5) 得

$$\alpha = \alpha_0 + \sum_{i=1}^{3N-6}\left(\frac{\partial \alpha}{\partial q_i}\right)_0 Q_i \cos(\omega_i t + \varphi_i)$$

$$+ \frac{1}{2}\sum_{i,j}\left(\frac{\partial^2 \alpha}{\partial q_i \partial q_j}\right)_0 Q_i Q_j \cos(\omega_i t + \varphi_i)\cos(\omega_j t + \varphi_j) + \cdots \tag{13-6}$$

式(13-6) 表明，对于不同的简正振动，分子的极化率将发生不同的变化，从而产生不同的散射光，拉曼散射就是分子极化率的变化所引起的。

设入射光的电场 E 可以表示为

$$E = E_0 \cos(\omega_0 t) \tag{13-7}$$

式中，E_0 为入射场的振幅；ω_0 为入射光的角频率。当分子受到电场 E 作用时，分子的电偶极矩 P 与电场成正比

$$P = \alpha E \tag{13-8}$$

由式(13-8) 和式(13-6) 解得

$$\begin{aligned}
P &= \alpha E \\
&= \alpha_0 E_0 \cos(\omega_0 t) + \frac{E_0}{2}\sum_{i=1}^{3N-6}\left(\frac{\partial \alpha}{\partial q_i}\right)_0 Q_i \{\cos[(\omega_0 + \omega_1)t + \varphi_i] + \\
&\quad \cos[(\omega_0 - \omega_i)t - \varphi_i]\} + \frac{E_0}{2}\sum_{i=1}^{3N-6}\left(\frac{\partial^2 \alpha}{\partial q_i \partial q_j}\right)_0 q_i q_j \cdots \\
&= \alpha_0 E_0 \cos(\omega_0 t) + \frac{E_0}{2}\sum_{i=1}^{3N-6}\left(\frac{\partial \alpha}{\partial q_i}\right)_0 Q_i \{\cos[(\omega_0 \pm \omega_i)t \pm \varphi_i]\} \\
&\quad + \frac{E_0}{2}\sum_{i=1}^{3N-6}\left(\frac{\partial^2 \alpha}{\partial q_i \partial q_j}\right)_0 q_i q_j \cdots
\end{aligned} \tag{13-9}$$

式(13-9) 表明分子的电偶极矩随时间变化的情况。显然，分子电偶极矩的振动是一系列不同频率振动的组合。$\alpha_0 E_0 \cos(\omega_0 t)$ 表明，电偶极矩具有一种与入射频率 ω_0 相同的振动。我们知道当一个电偶极矩以频率 ω 振动时，它将辐射出同样频率的电磁波。因此式(13-9) 的 $\alpha_0 E_0 \cos(\omega_0 t)$表明，在分子的散射光中存在着与入射光频率相同的瑞利散射光。$\cos(\omega_0 \pm \omega_i)t$ 表明在分子的散射光中还有一种与入射光频率不同的散射光，这种光的散射频率（$\omega_0 \pm \omega_i$）不但与入射光频率有关，而且还受到分子散射的简正振动频率影响，这种散射光就是拉曼散射光。

$\left(\frac{\partial \alpha}{\partial q_i}\right)_0$ 和 $\cos(\omega_0 \pm \omega_i)t$ 的乘积表明，频率为（$\omega_0 \pm \omega_i$）的拉曼光是否存在取决于$\left(\frac{\partial \alpha}{\partial q_i}\right)_0$是否为零。如果$\left(\frac{\partial \alpha}{\partial q_i}\right)_0 \neq 0$，则在频率为 ω_i 的简正振动中分子的极化率发生变化，只有这种情况下才能有频率为（$\omega_0 \pm \omega_i$）的拉曼散射光出现。反之，如果$\left(\frac{\partial \alpha}{\partial q_i}\right)_0 = 0$，在 ω_i 的简正振动中极化系数不发生变化，这时就不可能出现频率为（$\omega_0 \pm \omega_i$）的拉曼散射光。因此，该项给出一个重要的结论：拉曼散射光谱与极化引起的分子振动是相对应的。符号 $\sum_{i=1}^{3N-6}$ 表明，拉曼散射光的频率一共有（$3N-6$）种，即 $\omega_0 \pm \omega_1, \omega_0 \pm \omega_2, \omega_0 \pm \omega_3, \cdots$，$\omega_0 \pm \omega_i$，$\cdots$，$\omega_0 \pm \omega_{3N-6}$。那些$\left(\frac{\partial \alpha}{\partial q_i}\right)_0 = 0$ 的项不会有相应的拉曼散射光谱。

$\sum\left(\frac{\partial^2\alpha}{\partial q_i \partial q_j}\right)_0 q_i q_j$ 以及它以后的各项都是与分子振动的泛频（$2\omega_i, 3\omega_i, \cdots$）相对应的拉曼散射光谱项，强度极弱，甚至很难在散射光谱中显示出来，一般情况下不予考虑。

综上所述，可得如下结论：

① N 个原子组成的分子，它的振动可分解为（$3N-6$）种简正振动。

② 频率为 ω_0 的光被分子散射时与分子固有简正频率（ω_1，ω_2，…，ω_i，…，ω_{3N-6}）相对应，可产生一系列频率为 $\omega_0 \pm \omega_1, \omega_0 \pm \omega_2, \omega_0 \pm \omega_3, \cdots, \omega_0 \pm \omega_i, \cdots, \omega_0 \pm \omega_{3N-6}$ 的拉曼散射光谱。

③ 只有那些能引起分子极化率变化的简正运动，才有相应的拉曼散射谱线。

上述理论很好地解释了拉曼散射产生的机制，散射线的多少，频移的大小等。但该理论还不完善，譬如它不能完全解释通常斯托克斯线比反斯托克斯线强的现象，更细致的定量分析需要利用量子力学解释。

2. 拉曼散射光谱强度

拉曼散射光谱的强度由三个量来确定，即入射光的强度 I_L、处于初态 E_i 的粒子数密度 N_i、拉曼散射跃迁 $E_i \rightarrow E_f$ 的拉曼散射截面 σ。因此，拉曼散射谱线的强度 I_S 为

$$I_S = N_i \sigma (i-f) I_L \tag{13-10}$$

其中，N_i 在热平衡条件下满足玻尔兹曼分布

$$E_i = (N_i/2)(2J+1)\exp\left(-\frac{E_i}{KT}\right) \tag{13-11}$$

拉曼散射截面 σ 取决于极化率张量的矩阵元及包含光散射经典理论推出的 ω^4 频率关系。一般与微分散射截面 $\frac{d\sigma}{d\Omega}$ 进行比较，若单色入射光的功率为 P_i，则得到散射光总功率 P_s 为

$$P_s = nLP_i\left(\frac{d\sigma}{d\Omega}\right)\Omega \tag{13-12}$$

式中，n 为散射介质的密度；L 为散射区域的长度；Ω 为受散射辐射的整个立体角。对于瑞利散射的微分截面，$\frac{d\sigma}{d\Omega}$ 为 $10^{-32}\mathrm{m}^2/\mathrm{sr}$，而对于拉曼散射的微分截面，$\frac{d\sigma}{d\Omega}$ 为 $10^{-35}\mathrm{m}^2/\mathrm{sr}$。

3. 拉曼散射光谱的偏振

对一个取向确定的分子，偏振的入射光产生的拉曼散射也是完全偏振的，散射光的偏振方向与入射光偏振方向的关系由极化率张量微分的具体形式决定。实际上介质中分子的取向并不相同，通常是完全无规则分布的，从而使散射光产生了退偏现象。拉曼散射光的偏振程度通常用退偏度来衡量。

退偏度用 $P(\theta)$ 表示，定义为

$$P_P(\theta) = \frac{I_{\perp}(\theta)}{I_{/\!/}(\theta)} \tag{13-13}$$

式(13-13) 是入射光偏振方向平行于散射平面时，观察到的偏振方向垂直散射平面的散射光强度 $I_{\perp}$ 与平行散射平面的散射光强度 $I_{/\!/}$ 之比，θ 是观察方向与入射光传播方向的夹角。上面所说的散射平面是指入射光的传播方向和散射光的观察方向形成的平面。入射光是线偏振光时，如果分子振动是全对称振动，则 $P(\theta)=0$，即全对称振动所产生的拉曼光谱

是完全偏振的。当分子振动为非对称振动时，有 $P(\theta)=3/4$，即所产生的拉曼光谱是退偏振的，一般退偏度在 0～3/4 之间。入射光是圆偏振光时，一般退偏度在 0～6/7 之间。所以，$P(\theta)$越接近零，则分子振动含有的对称振动成分越多；$P(\theta)$越接近 6/7，则分子振动含有的非对称振动成分越多。

上一章里我们已经知道，虽然红外吸收光谱和拉曼光谱都是由于入射光波电磁场与分子相互作用产生的，但是其机制不同。红外吸收光谱是分子的固有电偶极矩引起的，其吸收强度正比于电偶极矩矩阵元的平方，将可参与红外吸收过程的那些分子的简正振动模式称为具有红外活性。拉曼光谱是分子的感应电偶极矩引起的，其强度正比于极化率张量矩阵元的平方。由于对称性的原因，不是所有分子的简正振动模式都可以参与拉曼散射过程，而是存在相应的选择定则，将极化率张量矩阵元不为零的那些简正振动模式称为具有拉曼活性。研究上述两种光谱可以相互补充地获得物质结构方面的信息，彼此间不能相互代替。

二、拉曼光谱仪的结构

一般激光拉曼光谱仪是由激发光源、单色仪、样品池装置和数据与处理系统这四个部分组成的，如图 13-8 所示。由于拉曼散射强度小于激发光强的 10^{-6}，所以在组建或设计拉曼光谱仪时，除了考虑常规光谱仪的一般要求外，还特别重视增强照射样品的光功率和提高拉曼散射光和非拉曼散射光的相对强度。下面分别讨论以上四个部分。

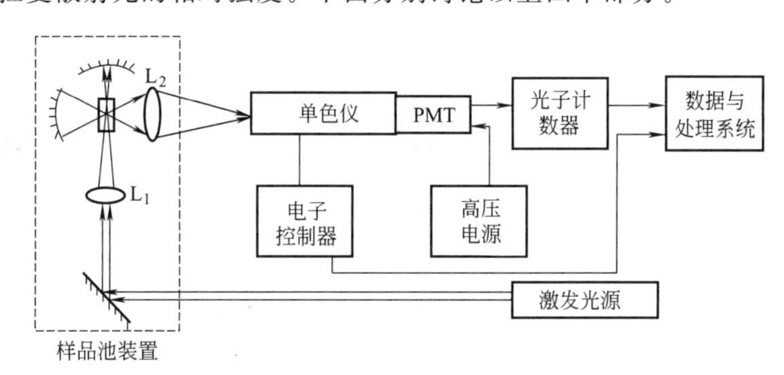

图 13-8　拉曼光谱仪示意图

1. 激发光源

要求提供单色性好、功率强和多频工作的照明光，常规的气体激光器已能基本上满足一般拉曼光谱实验的需要。最常用的光源有功率在几十毫瓦的 632.8nm 的 He-Ne 激光器、532nm 的半导体激光器、647.09nm 的 Kr^+ 激光器、441.6nm 的 He-Cd 激光器，以及功率更强的 488.0nm、514.5nm 的 Ar^+ 激光器。如果进一步选取连续运转的可调谐染料激光器作为激发光源，则可以进行“共振拉曼”，不仅可以大大提高拉曼信号强度，并且可以抑制在常规拉曼散射中经常出现的背景荧光。

2. 单色仪

单色仪是拉曼光谱仪的核心部件，决定着整台仪器的基本性能。拉曼光谱位于可见区，要求工作波长范围在 400～900nm 内，分辨率在 500nm 处为 0.05～0.5nm。同时，单色仪应具有很好消除杂散光的功能，为此单色仪一般采用 C-T 结构。

3. 样品池装置

拉曼散射研究的对象可以是固体、液体或气体，它们需要放在样品池或样品架中。为了最大限度地满足收集入射光在样品上和收集散射光进入色散系统的要求，一般选择一块合适的会聚镜将激光光源发出的激光聚焦，并令样品处于会聚光的腰部来提高样品上的光辐照功率，然后用透镜组或反射凹面镜作散射光的收集镜。图 13-9 给出了样品装置的几种典型几何配置。对于透明样品，最佳的几何配置是使样品被光照部分形成光谱仪入射狭缝状的长圆柱体，这样可以最大限度地利用入射光和反射光，并且减少杂散光的干扰。通常在样品前加装滤光部件，典型的滤光部件是前置单色器或滤光片，它们可以滤去光源中非激光频率的大部分光能。在样品后，可以选择合适的干涉滤光片或吸收盒滤去不需要的瑞利线的大部分能量，以提高拉曼散射的相对强度。当进行偏振测量时，首先要在外光路中插入偏振元件（一般插入偏振旋转器）来控制入射光的偏振方向；其次在光谱仪入射狭缝前加入检偏器，来控制进入光谱仪的散射光的偏振方向；最后还可以在检偏器前放置偏振扰乱器，用来消除光谱仪的退偏干扰。

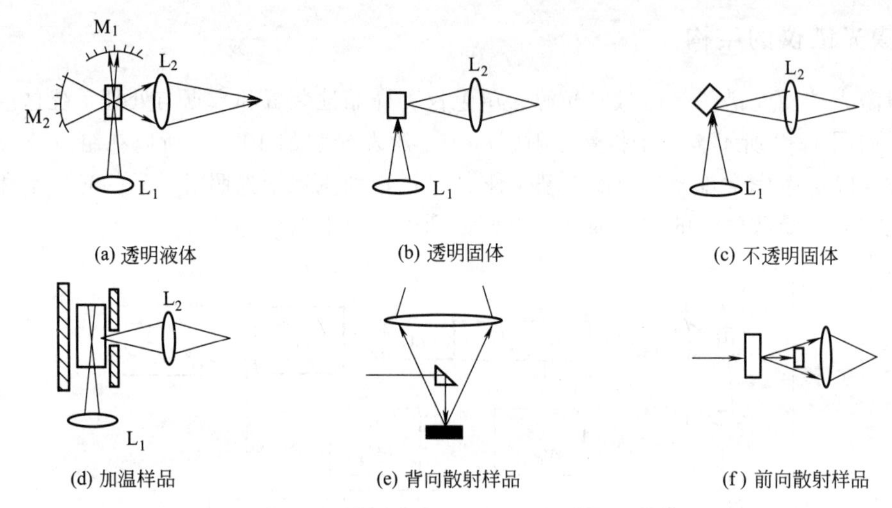

图 13-9　样品装置的几种典型几何配置

4. 数据与处理系统

拉曼散射光是一种极弱的光，为此需要采用宽光谱响应范围、高灵敏度和极低噪声的光电倍增管作为探测器。当光强小于入射光强的 10^{-6}，并比光电倍增管的本身热噪声水平还低时，一般采用光子计数技术。光子计数技术是建立在量子光学理论基础上，把光信号看成是由光子集合成的光子流，光的辐射功率大小和光子速率成正比的一种新技术。光子计数器一般由前置放大器、脉冲高度鉴别器、脉冲计数器、数模转换器组成。拉曼散射光信号的记录，早期采用响应速度快、灵敏度高的函数记录仪，接收并记录直流放大器或光子计数器输出的信号，绘成拉曼图。目前通常采用计算机进行数据处理，直接给出拉曼图，并能对光谱图进行光谱运算。

三、CCl_4 振动拉曼光谱

分子振动的拉曼散射频率和偏振等特性反映了分子的结构与对称性，因此拉曼散射是一种研究物质分子结构和对称性的有力工具。下面以 CCl_4 为例简略分析一下分子结构及其对称性和振动拉曼光谱之间的联系。

1. CCl_4 分子的结构及其对称性

1 个 CCl_4 分子由 1 个 C 原子和 4 个 Cl 原子组成。CCl_4 具有如图 13-10 所示的四面体结构，C 原子在中心，4 个 Cl 原子在四面体的四个顶点。当四面体绕通过 C 原子的某一轴旋转某一特定角度后，只是 Cl 原子彼此交换位置，则该轴称为对称轴。CCl_4 分子有 11 个这样的对称轴。绕对称轴旋转一定的角度使分子重合的转动叫对称操作，CCl_4 分子有 24 个对称操作（包括不转动的对称操作）。图 13-11 给出了具体的对称轴。

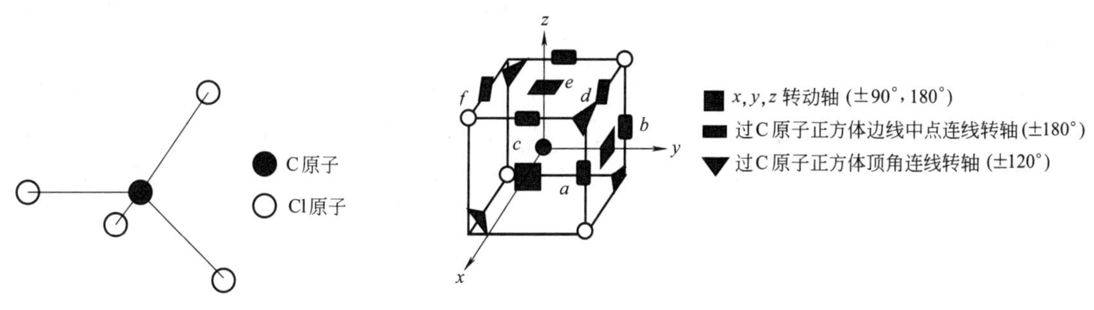

图 13-10　CCl_4 分子结构图

图 13-11　正四面体的对称轴

2. CCl_4 分子的振动方式与振动拉曼光谱

由前面的讨论可知，由 N 个原子构成的分子有（$3N-6$）个内部振动自由度，所以 CCl_4 分子可以有 9 个内部振动自由度，或者说有 9 个独立的振动方式。根据分子对称性的分类，这 9 个振动方式可以归为 4 类，如图 13-12 所示。

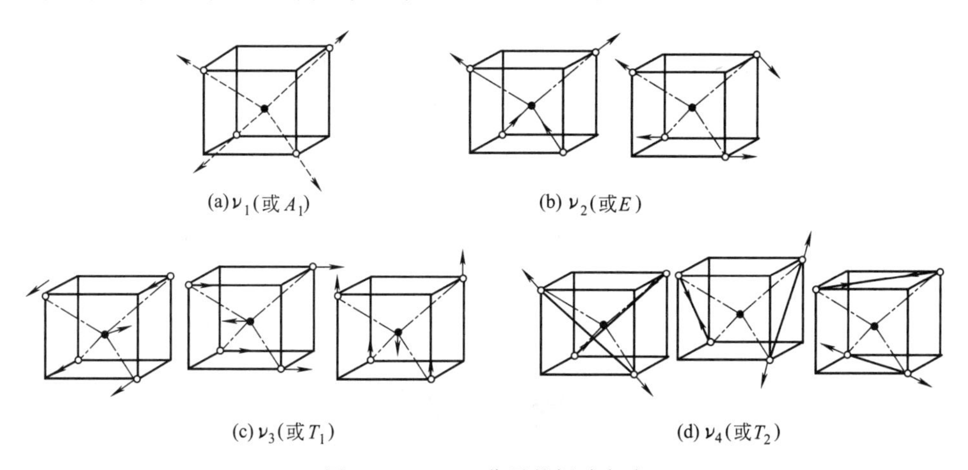

图 13-12　CCl_4 分子的振动方式

第一类，记作 ν_1（或 A_1），只含一种振动方式，即四个 Cl 原子沿着 C 原子连线的方向同时做伸缩振动。

第二类，记作 ν_2（或 E），包含两种振动方式，即相邻的两对 Cl 原子在与 C 原子连线的方向上，或在该连线垂直的方向上，同时做反方向运动所形成的振动。

第三类，记作 ν_3（或 T_1），包含三种振动方式，即四个 Cl 原子朝一个方向运动时，C 原子朝它们相反的方向运动所形成的振动。

第四类，记作 ν_4（或 T_2），包含三种振动方式，即相邻的一对 Cl 原子做伸张运动时，另一对做压缩运动形成的振动。

同一类振动里的不同振动方式的能量是相同的。如果这类振动中含有 n 种振动方式，我们就称该类振动是 n 重简并的。一类振动中所含的各个振动方式具有相同的能量，它们在拉曼光谱中对应于同一条谱线。因此 CCl_4 分子振动的拉曼谱线应有四条，各谱线的相对强度从大到小依次是 ν_1、ν_4、ν_2、ν_3。

图 13-13 为使用拉曼光谱仪测得的 CCl_4 拉曼振动光谱。图中的横坐标为扫描谱线的相对波数 $\Delta\tilde{\nu}=\tilde{\nu}-\tilde{\nu}_0$，式中的 $\tilde{\nu}_0$ 为入射光的波数，波数单位为 cm^{-1}（高斯单位制）。图中横坐标为 0($\Delta\tilde{\nu}=0$)的信号峰为瑞利散射，大于 0 的信号峰为斯托克斯拉曼散射线，小于 0 的信号峰为反斯托克斯拉曼散射线。

具有与 CCl_4 分子那样相同四面体结构的 AB_4 型分子还有 $SnCl_4$、$GeCl_4$、$SiCl_4$ 和 CH_4 等。这些分子的具体成分有所不同，但是它们具有相同的结构和对称性，从而振动分类、振动方式数目和对称特点都是一样的。尽管其具体频率和相对强度有所不同，但是振动谱的形态基本相同。

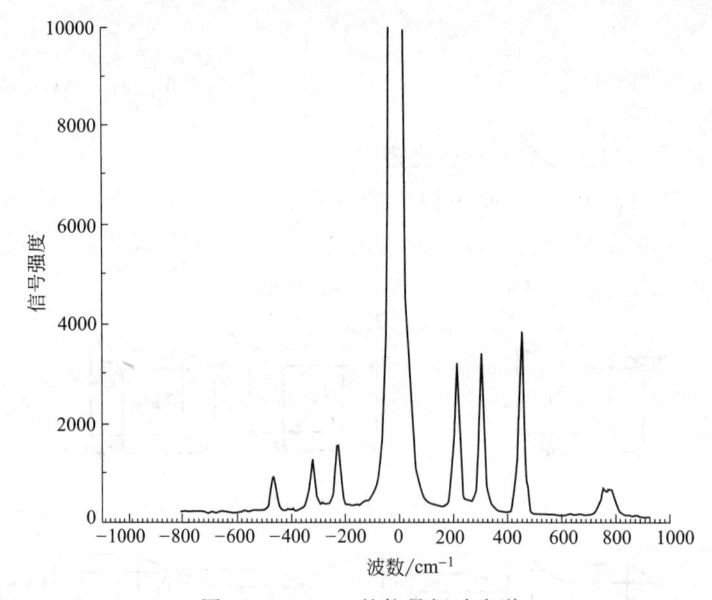

图 13-13　CCl_4 的拉曼振动光谱

习　题

13-1　简述常见的亚多普勒光谱技术。

13-2　简述拉曼光谱技术的应用范围。

附　　录

附录 A　氢原子的量子力学解

氢原子和类氢离子均属于单电子体系，即由原子核和一个电子组成。用量子力学分析该问题，实际上就是求一个带电粒子在有心力场（库仑场）中运动的薛定谔方程。该体系下原子系统的哈密顿量为

$$\hat{H}=-\frac{\hbar^2}{2\mu}\nabla^2-\frac{1}{4\pi\varepsilon_0}\times\frac{Ze^2}{r} \tag{A-1}$$

$$\mu=\frac{Mm_e}{M+m_e}$$

式中，M，m_e 为原子核和电子的质量；μ 为折合质量；Z 为核电荷数，$Z=1$ 时为氢原子，$Z>1$ 时为类氢离子，例如对于 He^+，$Z=2$。

氢原子和类氢离子的波函数随直角坐标的变化情况很难用简单的图像表述出来。由于势能函数是球对称的，常将直角坐标系换为球坐标系，分为随半径 r 变化情况和随角度 θ、ϕ 变化情况两部分来进行研究。描述随半径 r 变化情况的波函数为 $R(r)$，称为径向波函数；描述随角度 θ、ϕ 变化情况的波函数为 $Y(\theta,\phi)$，称为角度波函数。

薛定谔方程 $\hat{H}\psi=E\psi$ 在球坐标系下的形式为

$$-\frac{\hbar^2}{2\mu}\left[\frac{1}{r^2}\times\frac{\partial}{\partial r}\left(r^2\frac{\partial}{\partial r}\right)+\frac{1}{r^2\sin\theta}\times\frac{\partial}{\partial\theta}\left(\sin\theta\frac{\partial}{\partial\theta}\right)+\frac{1}{r^2\sin^2\theta}\times\frac{\partial^2}{\partial\phi^2}\right]\psi=[E-U(r)]\psi$$

$$U(r)=-\frac{1}{4\pi\varepsilon_0}\times\frac{Ze^2}{r} \tag{A-2}$$

波函数可以表述成径向波函数和角度波函数的乘积，即 $\psi=R(r)Y(\theta,\phi)$。将其代入式(A-2)，得

$$\frac{1}{R(r)}\times\frac{d}{dr}\left[r^2\frac{dR(r)}{dr}\right]+\frac{2\mu r^2}{\hbar^2}[E-U(r)]$$
$$=-\frac{1}{Y(\theta,\phi)}\left\{\frac{1}{\sin\theta}\times\frac{\partial}{\partial\theta}\left[\sin\theta\frac{\partial Y(\theta,\phi)}{\partial\theta}\right]+\frac{1}{\sin^2\theta}\times\frac{\partial^2 Y(\theta,\phi)}{\partial\phi^2}\right\} \tag{A-3}$$

上式中左边仅含半径 r 的变量，而右边只含角度 θ、ϕ 的变量，所以方程的两边必定等于一个常数，设该常数为 λ，可得

$$\frac{1}{r^2}\times\frac{\mathrm{d}}{\mathrm{d}r}\left[r^2\frac{\mathrm{d}R(r)}{\mathrm{d}r}\right]+\left\{\frac{2\mu}{\hbar^2}\left[E-U(r)\right]-\frac{\lambda}{r^2}\right\}R(r)=0 \tag{A-4}$$

$$\left[\frac{1}{\sin\theta}\times\frac{\partial}{\partial\theta}\left(\sin\theta\frac{\partial}{\partial\theta}\right)+\frac{1}{\sin^2\theta}\times\frac{\partial^2}{\partial\phi^2}\right]Y(\theta,\phi)+\lambda Y(\theta,\phi)=0 \tag{A-5}$$

式(A-4) 称为径向方程，式(A-5)称为角度方程。对式(A-5)可以进一步分离变量，令 $Y(\theta,\varphi)=\Theta(\theta)\Phi(\phi)$，代入式(A-5)，在两边乘以

$$\frac{\sin^2\theta}{\Theta(\theta)\Phi(\phi)}$$

得

$$\frac{\sin\theta}{\Theta(\theta)}\times\frac{\mathrm{d}}{\mathrm{d}\theta}\left[\sin\theta\frac{\mathrm{d}\Theta(\theta)}{\mathrm{d}\theta}\right]+\lambda\sin^2\theta=-\frac{1}{\Phi(\phi)}\times\frac{\mathrm{d}^2\Phi(\phi)}{\mathrm{d}\phi^2} \tag{A-6}$$

同理，方程两边对应不同的变量，必然等于一个常数。这里令该常数为 m^2，则式(A-6)分解为

$$\frac{\mathrm{d}^2\Phi(\phi)}{\mathrm{d}\phi^2}+m^2\Phi(\phi)=0 \tag{A-7}$$

和
$$\frac{1}{\sin\theta}\times\frac{\mathrm{d}}{\mathrm{d}\theta}\left[\sin\theta\frac{\mathrm{d}\Theta(\theta)}{\mathrm{d}\theta}\right]+\left(\lambda-\frac{m^2}{\sin^2\theta}\right)\Theta(\theta)=0 \tag{A-8}$$

对于式(A-7)，波函数 $\Phi(\phi)$必须满足在 $0\leqslant\phi\leqslant2\pi$ 区间内单值、连续和有限的物理条件，这时 m 只能取整数，即

$$m=0,\pm1,\pm2,\cdots \tag{A-9}$$

m 称为磁量子数。将式(A-9) 代入式(A-7)，得到 Φ (ϕ) 的特解为

$$\Phi(\phi)=N_m e^{im\phi} \tag{A-10}$$

式中，N_m 为归一化系数，由 $\Phi(\phi)$所满足的归一化条件

$$\int_0^{2\pi}\Phi^*(\phi)\Phi(\phi)\mathrm{d}\phi=1$$

确定为
$$N_m=(2\pi)^{-1/2}$$

对应式(A-8)，令 $\xi=\cos\theta$，代入方程，得到

$$\frac{\mathrm{d}}{\mathrm{d}\xi}\left[(1-\xi^2)\frac{\mathrm{d}\Theta(\theta)}{\mathrm{d}\xi}\right]+\left(\lambda-\frac{m^2}{1-\xi^2}\right)\Theta(\theta)=0 \tag{A-11}$$

上式为连带勒让德（Legendre）方程，其解必须满足在 $-1\leqslant\xi\leqslant1$ 范围内单值、连续和有限的物理条件。这时常数 λ 只能取

$$\lambda=l(l+1);l=0,1,2,\cdots \tag{A-12}$$

并且要求
$$|m|\leqslant l \tag{A-13}$$

式(A-11) 的解称为连带勒让德多项式，即

$$\Theta(\theta)=N_l^{|m|}P_l^{|m|}(\cos\theta) \tag{A-14}$$

式中，$N_l^{|m|}$ 为归一化系数，同样是由波函数 $\Theta(\theta)$的归一化条件

$$\int_0^{\pi}\Theta^*(\theta)\Theta(\theta)\mathrm{d}\theta=1$$

求得，其表达式为

$$N_l^{|m|}=(-1)^m\left[\frac{(2l+1)(l-|m|)!}{2(l+|m|)!}\right]^{1/2} \tag{A-15}$$

从而式(A-15) 的解为

$$Y_{lm}(\theta,\phi)=N_{lm}e^{im\phi}P_l^{|m|}\cos\theta \tag{A-16}$$

式中

$$N_{lm}=N_mN_l^{|m|}=(-1)^m\left[\frac{(l-|m|)!\ (2l+1)}{(l+|m|)!\ 4\pi}\right]^{1/2} \tag{A-17}$$

角度波函数 $Y_{lm}(\theta,\phi)$具有 l 和 m 两个量子数，并且满足正交归一化条件

$$\int_0^{\pi}\int_0^{2\pi}Y^*(\theta,\phi)Y(\theta,\phi)\sin\theta \mathrm{d}\theta \mathrm{d}\phi=\delta_{ll'}\delta_{mm'} \tag{A-18}$$

接下来求解径向方程式(A-4)，将式(A-2) 中的势能函数和式(A-12) 代入，得

$$\frac{1}{r^2}\times\frac{\mathrm{d}}{\mathrm{d}r}\left[r^2\frac{\mathrm{d}R(r)}{\mathrm{d}r}\right]+\left[\frac{2\mu}{\hbar^2}\left(E+\frac{Ze^2}{4\pi\varepsilon_0 r}\right)-\frac{l(l+1)}{r^2}\right]R(r)=0 \tag{A-19}$$

上式中，对于大于 0 的任意 E 值，径向波函数都满足单值、连续和有限的物理条件。即使 $r\to\infty$时，$R(r)$仍然可以不等于 0。这代表电子可以在距原子核无穷远处运动。因此 $E>0$ 的解对应原子的电离态。所以当研究电子在原子内部的运动时，需要求解 $E<0$ 时的式(A-19)。

令

$$\alpha=\left(-\frac{8\mu E}{\hbar^2}\right)^{1/2}$$

$$n=\frac{1}{4\pi\varepsilon_0}\times\frac{2\mu Ze^2}{\alpha\hbar^2}$$

$$\rho=\alpha r \tag{A-20}$$

代入式(A-19)，得到

$$\frac{1}{\rho^2}\times\frac{\mathrm{d}}{\mathrm{d}\rho}\left(\rho^2\frac{\mathrm{d}R}{\mathrm{d}\rho}\right)+\left[\frac{n}{\rho}-\frac{1}{4}-\frac{l(l+1)}{\rho^2}\right]R=0$$

即

$$\frac{\mathrm{d}^2R}{\mathrm{d}\rho^2}+\frac{2}{\rho}\times\frac{\mathrm{d}R}{\mathrm{d}\rho}+\left[\frac{n}{\rho}-\frac{1}{4}-\frac{l(l+1)}{\rho^2}\right]R=0 \tag{A-21}$$

当 $\rho\to\infty$时，式(A-21) 近似为

$$\frac{\mathrm{d}^2R}{\mathrm{d}\rho^2}-\frac{1}{4}R=0$$

从而，有

$$R(\infty)=e^{-\rho/2}$$

因此，可以设式(A-21) 的解为

$$R(\rho)=F(\rho)e^{-\rho/2} \tag{A-22}$$

代入式(A-21)，整理得

$$\frac{\mathrm{d}^2F}{\mathrm{d}\rho^2}+\left(\frac{2}{\rho}-1\right)\frac{\mathrm{d}F}{\mathrm{d}\rho}+\left[\frac{n-1}{\rho}-\frac{l(l+1)}{\rho^2}\right]F=0 \tag{A-23}$$

此式在 $\rho\to0$ 时仍有奇性，一般以幂级数形式求解，即

$$F(\rho)=\rho^s\sum_{n_r=0}^{\infty}a_{n_r}\rho^{n_r} \tag{A-24}$$

式中，s 为待定整数，为了满足 $r=0$ 时波函数的有限性，要求 $s\geqslant0$。将式(A-24) 代入式(A-23)，整理得

$$\sum_{j=0}^{\infty}[(s+j)(s+j-1)+2(s+j)-l(l+1)]a_j\rho^{s+j-2}$$
$$+\sum_{j=0}^{\infty}[(n-1)-(s+j)]a_j\rho^{s+j-1}=0 \tag{A-25}$$

上式成立的条件是 ρ 的各级幂次项的系数分别为零。其中，由展开后 ρ 最低幂的系数为零，可得

$$s(s+1)=l(l+1)$$

舍去负值解，得 $s=l$

从而式(A-22) 可重新写为

$$R(\rho)=\rho^l u(\rho)e^{-\rho/2} \tag{A-26}$$

这里 $F(\rho)=\rho^l u(\rho)$

则有 $\dfrac{\mathrm{d}R}{\mathrm{d}\rho}=\left(l\rho^{l-1}u+\rho^l u'-\dfrac{1}{2}\rho^l u\right)e^{-\rho/2}$

$$\frac{\mathrm{d}^2R}{\mathrm{d}\rho^2}=\left[l(l-1)\rho^{l-2}u+\rho^l u''+\frac{1}{4}\rho^l u\right]e^{-\rho/2}+2\left(l\rho^{l-1}u'-\frac{1}{2}l\rho^{l-1}u-\frac{1}{2}\rho^l u'\right)e^{-\rho/2}$$
$$=\left\{\rho^l u''+(2l\rho^{l-1}-\rho^l)u'+\left[l(l-1)\rho^{l-2}+\frac{1}{4}\rho^l-l\rho^{l-1}\right]u\right\}e^{-\rho/2} \tag{A-27}$$

将式(A-26) 和式(A-27) 代入式(A-21)，得到

$$\rho\frac{\mathrm{d}^2u}{\mathrm{d}\rho^2}+[2(l+1)-\rho]\frac{\mathrm{d}u}{\mathrm{d}\rho}+[n-(l+1)]u=0 \tag{A-28}$$

式(A-28) 是数学物理方法中的连带拉盖尔（associated Laguerre）方程，该方程也有一些文献翻译成缔合拉盖尔方程、广义拉盖尔方程或关联拉盖尔方程。式(A-11) 的连带勒让德方程同样也存多种名称的情况。连带拉盖尔方程的无穷级数解不能满足在无穷远处的束缚态边界条件，为了得到物理上的允许解，无穷级数解必须中断为一个多项式。

将 $u(\rho)=\sum_{n_r=0}^{\infty}a_{n_r}\rho^{n_r}$ 代入式(A-28)，整理，得

$$\sum_{n_r=0}^{\infty}\left[n_r(n_r+1)a_{n_r+1}+2(l+1)(n_r+1)a_{n_r+1}+[n-(l+1)-n_r]a_{n_r}\right]\rho^{n_r}=0$$

为了使所有的 ρ 都满足上式，只有使系数全为 0，于是得到递推关系式

$$a_{n_r+1}=\frac{n-(l+1)-n_r}{n_r(n_r+1)+2(n_r+1)(n_r+1)}a_{n_r}$$

为了使 ρ 趋于无穷大时波函数保持有限，无穷级数解必须中断为一个多项式。设 n_r 时，$a_{n_r+1}=0$，则之后各项全变为 0。这时只需满足

$$n_r=n-(l+1) \qquad n_r=0,1,2,3,\Lambda \tag{A-29}$$

即可。

式(A-29) 中 n_r 和 l 的取值决定了 $n=1,2,3,\cdots$（正整数），n 称为主量子数。由式(A-29) 可以还得出 $n\geqslant l+1$，l 称为轨道量子数，对于给定的 n 值，l 的取值为 $l=0,1,2,3,\cdots,n-1$。

进一步由式(A-20)，可以得出该薛定谔方程的本征值为

$$E_n=-\left(\frac{1}{4\pi\varepsilon_0}\right)^2\frac{\mu Z^2e^4}{2\hbar^2n^2}=-\frac{1}{4\pi\varepsilon_0}\times\frac{Z^2e^2}{2a_1n^2}=\frac{RhcZ^2}{n^2} \tag{A-30}$$

式中，a_1 为氢原子的第一玻尔轨道半径，通常也可以用 a_0 表示，习惯上称为玻尔半径；R 为里德堡常数。它们的具体表达式为

$$a_1=\frac{4\pi\varepsilon_0\hbar}{\mu e^2}\approx 0.053\text{nm}$$

$$R=\frac{1}{(4\pi\varepsilon_0)^2}\times\frac{2\pi^2\mu e^4}{ch^3}$$

式(A-28) 的解为连带拉盖尔多项式

$$u(\rho)=L_{n+l}^{2l+1}(\rho) \tag{A-31}$$

代入式(A-22)，整理，最终得到径向波函数为

$$R_{nl}(r)=N_l e^{\frac{-Zr}{na_1}}\left(\frac{2Zr}{na_1}\right)^l L_{n+1}^{2l+1}\left(\frac{2Zr}{na_1}\right)$$

式中，N_l 为归一化系数。

$$N_l=-\left\{\left(\frac{2Z}{na_1}\right)^3\frac{(n-l-1)!}{2n[(n+l)!]^3}\right\}^{1/2} \tag{A-32}$$

以上结果表明，氢原子的运动状态由哈密顿量 $\hat{H}$ 的本征函数 $\psi_{nlm}(r,\theta,\phi)=R_{nl}(r)Y_{lm}(\theta,\phi)$ 来描述。量子力学表明，波函数 $\psi_{nlm}(r,\theta,\phi)$ 还是角动量 $\hat{L}^2$ 及其分量 $\hat{L}_z$ 的共同本征波函数。这里有三个量子数（n、l 和 m）和三个本征方程

$$\hat{H}\psi_{nlm}=E_n\psi_{nlm}$$

$$\hat{L}^2\psi_{nlm}=l(l+1)\hbar^2\psi_{nlm}$$

$$\hat{L}_z\psi_{nlm}=m\hbar\psi_{nlm} \tag{A-33}$$

在氢原子体系里，运动算符 $\hat{H}$、$\hat{L}^2$ 和 $\hat{L}_z$ 构成了力学量的完全集。当不考虑电子自旋时，氢原子的状态由 n、l 和 m 这三个量子数确定。能量 E 只与主量子数 n 有关，而 n 的取值为 $n=1,2,3,\cdots$；对于给定的 n，有 $l=0,1,2,3,\cdots,n-1$；对于给定的 l，有 $m=0,\pm1,\pm2,\cdots,\pm l$。

附录 B　选择定则

电磁理论指出，产生交变电磁场的振源才可发射电磁波。最简单的振源是电偶极子。一个电偶极子在自己的周围产生电场，当它的电偶极矩做周期性振荡时，就有电磁波辐射出去，这就是电偶极辐射。同样，一个磁偶极子的磁偶极矩做周期振荡时，也有电磁波辐射出去，对应的是磁偶极辐射。磁偶极辐射比电偶极辐射小一个 $(v/c)^2$ 的数量级（v 为电子运动速度），一般不考虑。

对于原子，可视为由带正电的原子核和带负电的电子组成的电偶极子，与之对应的电磁波发射可以用振荡电偶极子模型来描述。只要原子跃迁过程中涉及的初、末态之间存在电偶极振荡，则跃迁就可以发生。在量子力学中，可表述为在原子跃迁的初、末两态间的电偶极矩阵元不为零，即

$$\boldsymbol{P}_{nn'}=\langle n|-e\boldsymbol{r}|n'\rangle=-e\iiint\Psi_n^*\boldsymbol{r}\Psi_{n'}\mathrm{d}\tau\neq0 \tag{B-1}$$

式中，$|n\rangle$，$|n'\rangle$为初、终两态的波函数；$\boldsymbol{P}$ 为单个电子的电偶极矩 $\boldsymbol{P}=-e\boldsymbol{r}$。如果是多个电子的体系，则电偶极矩表示为

$$\boldsymbol{P}=\sum_{i}-e\boldsymbol{r}_i$$

当 $\boldsymbol{P}_{nn'}\neq 0$ 时，$|n\rangle$ 和 $|n'\rangle$ 态间可以发生跃迁，相应的跃迁称为允许跃迁。当 $\boldsymbol{P}_{nn'}=0$ 时，$|n\rangle$ 和 $|n'\rangle$ 态间不能发生跃迁，相应的跃迁称为禁戒跃迁。

以氢原子为例，将其波函数 $\Psi_{nlm}(r,\theta,\phi)$ 代入式(B-1)，因为波函数分为 r、θ、ϕ 三部分，下面也将 $\boldsymbol{r}$ 做相应的分解

$$r_x=x=r\sin\theta\cos\phi=r\sin\theta\,\frac{e^{i\phi}+e^{-i\phi}}{2}$$

$$r_y=y=r\sin\theta\sin\phi=r\sin\theta\,\frac{e^{i\phi}-e^{-i\phi}}{2i}$$

$$r_z=z=r\cos\theta$$

式(B-1) 中，关于角度 ϕ 的部分为

$$\int_0^{2\pi}e^{-im_2\phi}\boldsymbol{r}e^{im_1\phi}\,\mathrm{d}\phi$$

相应积分的 x、y、z 各分量为

$$\int_0^{2\pi}\left[e^{i(m_1-m_2+1)\phi}+e^{i(m_1-m_2-1)\phi}\right]\mathrm{d}\phi \tag{B-2}$$

$$\int_0^{2\pi}\left[e^{i(m_1-m_2+1)\phi}-e^{i(m_1-m_2-1)\phi}\right]\mathrm{d}\phi \tag{B-3}$$

$$\int_0^{2\pi}e^{i(m_1-m_2)\phi}\,\mathrm{d}\phi \tag{B-4}$$

式(B-2) 和式(B-3) 不等于零的条件是

$$\Delta m=m_1-m_2=\pm 1$$

式(B-4) 不等于零的条件是

$$\Delta m=m_1-m_2=0$$

所以电偶极跃迁中关于量子数 m 的选择定则为

$$\Delta m=0,\pm 1 \tag{B-5}$$

关于角度 θ 的部分，需要用到连带勒让德多项式的性质

$$\cos\theta P_l^{|m|}=\frac{(l-|m|+1)P_{l+1}^{|m|}+(l+|m|)P_{l-1}^{|m|}}{2l+1} \tag{B-6}$$

$$\begin{aligned}\sin\theta P_l^{|m|}&=\frac{P_{l+1}^{|m|+1}-P_{l-1}^{|m|+1}}{2l+1}\\&=\frac{(l+|m|)(l+|m|-1)}{2l+1}P_{l-1}^{|m|-1}-\frac{(l-|m|+1)(l+|m|+2)}{2l+1}P_{l+1}^{|m|-1}\end{aligned} \tag{B-7}$$

以及 P_l^m 的正交性，即

$$\int_0^{\pi}P_l^{|m|}\cos\theta P_{l'}^{|m|}\cos\theta\sin\theta\,\mathrm{d}\theta=\frac{2}{2l+1}\times\frac{(l+|m|)!}{(l-|m|)!}\delta_{ll'} \tag{B-8}$$

式(B-1) 中，关于角度 θ 的各分量为

$$\int_0^{\pi}P_l^{|m|}P_{l'}^{|m'|}\sin^2\theta\,\mathrm{d}\theta \tag{B-9}$$

$$\int_0^{\pi}P_l^{|m|}P_{l'}^{|m'|}\sin^2\theta\,\mathrm{d}\theta \tag{B-10}$$

$$\int_0^{\pi}P_l^{|m|}P_{l'}^{|m'|}\cos\theta\sin\theta\,\mathrm{d}\theta \tag{B-11}$$

可以看到，式(B-9) 和式(B-10) 代表分量的 θ 部分是相同的，将式(B-7) 代入得

$$\int_0^\pi P_l^{|m|} P_{l'}^{|m'|} \sin^2\theta \mathrm{d}\theta$$
$$=\frac{1}{2l+1}\left(\int_0^\pi P_{l+1}^{|m|+1} P_{l'}^{|m'|} \sin\theta \mathrm{d}\theta - \int_0^\pi P_{l-1}^{|m|+1} P_{l'}^{|m'|} \sin\theta \mathrm{d}\theta\right) \tag{B-12}$$

式(B-8) 还可表示为

$$\int_0^\pi P_l^{|m|} P_{l'}^{|m'|} \sin^2\theta \mathrm{d}\theta$$
$$=\frac{(l+|m|)(l+|m|-1)}{2l+1}\int_0^\pi P_{l-1}^{|m|-1} P_{l'}^{|m'|} \sin\theta \mathrm{d}\theta$$
$$-\frac{(l-|m|+1)(l-|m|+2)}{2l+1}\int_0^\pi P_{l+1}^{|m|-1} P_{l'}^{|m'|} \sin\theta \mathrm{d}\theta \tag{B-13}$$

由式(B-12) 和式(B-13) 可以总结出式中的两项积分不同时为零的条件是

$$l'=l\pm1$$
$$m'=m\pm1 \tag{B-14}$$

将式(B-6) 代入式(B-11)，得

$$\int_0^\pi P_l^{|m|} P_{l'}^{|m'|} \sin^2\theta \mathrm{d}\theta$$
$$=\frac{l+|m|-1}{2l+1}\int_0^\pi P_{l+1}^{|m|} P_{l'}^{|m'|} \sin\theta \mathrm{d}\theta + \frac{l+|m|}{2l+1}\int_0^\pi P_{l-1}^{|m|} P_{l'}^{|m'|} \sin\theta \mathrm{d}\theta \tag{B-15}$$

式(B-15) 中两项不同时为零的条件是

$$l'=l\pm1$$
$$m'=m \tag{B-16}$$

式(B-1) 中关于径向 r 的分量的积分在 n 和 n' 取任何整数值时都不恒等于 0，所以对于主量子数 n 没有选择定则的限制。

综上所述，电偶极跃迁的选择定则为

$$\Delta l=l-l'=\pm1$$
$$\Delta m=m-m'=0,\pm1 \tag{B-17}$$

接下来以矢量耦合模型来讨论精细结构中电子总角动量 $\boldsymbol{J}$ 的选择定则。电子总角动量量子数为 J 的初态跃迁到量子数为 J' 的终态，其电偶极跃迁发射出具有单位内禀角动量的光子，用 $\boldsymbol{I}$ 表示发射光子的单位矢量。在原子加辐射场的矢量模型中，根据角动量守恒原理可以获得量子数 J 的选择定则。通过 $\boldsymbol{J}'$ 和 $\boldsymbol{I}$ 的矢量叠加，可以得出 $J'=J\pm1$ 或 $J'=J$，所以电子总角动量量子数的选择定则为

$$\Delta J=J-J'=0,\pm1$$

注意当初态和终态的总角动量都为零时，不可能满足角动量守恒原理，其跃迁是严格禁戒的，即 $J=0$ 和 $J'=0$ 间不能跃迁。

同样，采用矢量耦合模型可以得出谱线超精细结构中原子的总角动量量子数 F 的选择定则为

$$\Delta F=F-F'=0,\pm1(0\leftrightarrow0 \text{ 除外}) \tag{B-18}$$

参考文献

[1] M. V. 劳厄. 物理学史. 北京：商务印书馆，1978.

[2] 王国文. 原子与分子光谱导论. 北京：北京大学出版社，1985.

[3] 林美荣，张包铮. 原子光谱学导论. 北京：科学出版社，1990.

[4] 赵凯华，罗蔚茵. 量子物理. 北京：高等教育出版社，2008.

[5] 杨福家. 原子物理学. 5 版. 北京：高等教育出版社，2019.

[6] S. Svanberg. 原子和分子光谱学：基础及实际应用. 影印版. 北京：科学出版社，2011.

[7] B. 卡尼亚克，张万愉，J-C. 裴贝-裴罗拉. 原子物理学：下：原子：一种量子构件. 王义遒，译. 北京：科学出版社，2015.